歴史の謎はインフラで解ける

教養としての土木学

大石久和・藤井聡 編著

産經新聞出版

はじめに――藤井聡

本書『歴史の謎はインフラで解ける』は、「歴史も文化も社会も経済もすべて土木がつくっている」ということを明らかにせんとする書籍だ。しかしもちろん、歴史も文化も社会も経済もすべて土木がつくっていると言えば「そんなはずはなかろう、何を気宇壮大なことを口走っているのだ」と訝しむ向きもあるだろうと思う。

しかし、歴史も文化も社会も経済もすべて土木がつくっていることなど、少し考えれば、誰もがすぐに得心できる、実に当たり前の話なのである。

そもそも私たちはそこに「住処《すみか》」がなければ何もできない。住処があってはじめて社会的な活動や経済的な活動、文化的な活動をはじめることができるようになる。

一方で住処がなければ、それらのあらゆる活動ができなくなってしまう。人間は人間であることをやめ、野生動物としてのヒトにならざるを得なくなり、歴史という概念そのものが失われていくことになる。

つまり、私たちは住処があってはじめて、人として生きて行くことができるのである。衣食足りて礼節を知るというが、住処がなければ、その衣食すら不能となるのである。

そして**土木とは、私たちの「住処」である「まち」や「国土」、すなわち私たちのあらゆる活動のインフラストラクチャー（＝下部構造、インフラ）をつくり、守り続ける営為**なのだ。

だから、土木があってはじめて人は住処を得、衣食が可能となり、礼節を知り、ヒトが倫理や人格を持った「人間」となり、社会や経済や文化の活動が可能となるのである。

本書はこうした角度から、経済や社会、文化、そして歴史と言った人間のあらゆる営みを見つめ直そうとするものである。そしてそうした人間のあらゆる営みのすべてが「土木」という人類の住処づくりによって生み出されてきたのだという**真実**を、様々な視点から明らかにしようとするものである。

こうした角度から人類の歴史と営みの全てを見つめ直すことができた時はじめて、私たちは、「今」の社会や経済や文化の営みの「方向」を見いだすことが可能となり、その帰結として、「これから」の私たちの「未来の歴史」をつくり出す縁を、すなわち、今、私たちがなさねばならぬ「土木」の形を考え始めることが可能となるのである。

土木とは、ただ単に土を積み、木を山を削ったりする工事や作業を言うものではない。土木とはこれからの社会と経済と文化をつくり、未来の歴史を紡ぎ出す人類がなし得る最も偉大な雄々しき営為なのである。

こうした視点から、土木に「よって」、その「帰結」として私たちの社会や経済、文化や歴史が展開してきたのだという姿を改めてとらえ直すことを通して、この大自然の中で、自分たちの「未来」を自らの意志に基づいて切り開く人間の力を涵養《かんよう》せしめんとする学問を、私たちは『**土木学**』と呼ぶ。

それは、自然に働きかける土木という営為の「技術」の体系である「**土木工学**」の「**核**」を**成す学問**であると同時に、土木にあらゆる形で関わる土木技術者や都市や国土の計画者、さらには、かれらに影響を直接間接にもたらす「有権者」をはじめとしたあらゆる国民が何よりもまず、第一に学ばねばならない最も大切な「**教養**」を成すものでもある。

そして、こうした「土木学」の視点に立った時にはじめて、本書タイトルに謳い上げているように、**土木によってつくられる「インフラ」を通して、経済、社会、文化といったあらゆる要素を含んだ過去から現在、そして未来にわたるまでのすべての「歴史」における様々な「謎」が解けるようになるのである。**

歴史の謎はインフラで解ける◉目次

第二章　土木なくして文明・文化なし

第三章　歴史をつき動かした土木

第五章　「経済大国」をつくったインフラ

第六章　日本の未来と土木

終章 「土木」という営為の構造

装幀 神長文夫+柏田幸子
DTP製作 荒川典久

第一章

ヒトを人間にかえたもの

第一節　土木と文明

ヒトが人間になった時

しばしば忘れられがちではあるが、人間もまた「生物」の一種だ。

その分類学上の名称は「ホモ・サピエンス」。日本語ではしばしば「ヒト」とカタカナで表記される。

もちろん、われわれ人間は、イヌやネコやサルとはかなり違う。確かにイヌやネコやサルは、ビルを建てたり、日記を書いたり、テレビ番組をつくったりしないし、野球をやったり見に行ったり議会をつくって議論したりはしない。服を着ることもなければ、複雑な言葉や文字を操ることもない。

そう考えれば確かにわれわれ人間は、生物は生物であっても、特殊な生物であるとは言えそうである。

では、われわれ人間が、われわれ以外の生物と異なる点は何なのだろうか。この問いに対してこれまで様々な論者が様々な説を提示してきた。例えば「道具」を使うか否かとか、「言葉」を使うか否か、あるいは哲学や宗教などの「抽象概念」を使うか否か、等が人間とそれ以外とを分かつ規準なのだと指摘されてきた。

それぞれの説にはそれぞれ一理はあるのだが、いずれも決定的なものではない。道具を使うサルや鳥はいるし、イルカも彼ら独自の言語を使ってコミュニケーションを取っている。最近のゴリラ研究では、ゴリラは死という概念を理解しているということも報告されている。

しかし、道具や言葉、概念などはいずれも、「文明」というものの構成要素の一つであり、それらをひとまとめにすれば「文明」と言うことができる。そして、様々な生物がどれだけ道具を使おうが言葉を使おうが、死という概念を持っていようが、彼らは決して「文明」を築き上げてはいない。

つまり、**文明を持つ生物、それが人間**なのである。ホモ・サピエンスは、文明を手にした時、はじめて「ヒト」から「人間」となったのである。

「土木」(civil engineering)と「文明」(civilization)

そもそも文明とは、「**人知が進んで世の中が開け、精神的、物質的に生活が豊かになった状態**」(大辞泉)を意味する。この定義における「精神的」な豊かさが「目に見えない無形の文明」を意味し、「物質的」な豊かさが「目に見える**有形の文明**」を意味している。

つまり、文明には、有形の側面と無形の側面があり、両者をあわせたものが「文明」と言われるものの総体をなしているのである。

そして、人類は、この有形の側面と無形の側面の双方において「文明化」されてはじめて、ヒトから人間へと変質していった。そして、その双方の側面において、より高度化していくことを通して、文明の水準は、より「高レベル」のものへと変化し続けることとなる。

一方で、この「文明」と正反対の概念が「**野生**」**や**「**野蛮**」である。

つまり、ヒトは、有形無形の双方の側面において高度化していくことを通してはじめて、野生や野蛮の状況から脱し、文明化していくことが可能となったのである。

ところでこうした文明は、**英語ではcivilization**と言われている。これは「文明化する」という意味の「civilize」の名詞形なのだが、この「civilize」という英語は、「civil」「文明の」という形容詞の動詞形である。つまり**文明、civilizationとは、この世界が「civil」という文明的状況に改変していくこと**、を意味しているのである。

では、どうやって、文明的状況に改変していくのかと言えば――それは「**土木**」**の力を通して**なのである。

そもそも、英語で**土木工学とはcivil engineering**。これは、「文明の工学」という意味だが、要するに、「**この世界を文明的状況に改変していくにあたっての、技術＝知恵**」**こそが土木工学だ**と言える。そして、日本語で言う「土木」とは、この土木工学を活用して、その世界をcivilizeしていく営為なのである。つまり一言で言うなら、**土木とは世界を文明化していく営為**で、これこそ、土木の最も広い定義の一つである。

例えば、人類は田畑で耕作するための水を運ぶ「灌漑《かんがい》」という土木を行い、洪水をくいとめる「治水」のための土木を行ったことではじめて、「野生」から「文明」へとこの世界を改変することが可能となった。四大文明と日本ではしばしば言われる**黄河文明、メソポタミア文明、インダ**

ス文明、エジプト文明はいずれも、大河との共生を実現させる灌漑と治水という「土木」の営為があってはじめて、この地球上に生まれたことは、広く知られた事実である。

逆に言うなら、人類が土木を手に入れることに失敗していたとするなら、われわれ人類は未だに、「ヒト」として、その他のゴリラやライオンやゾウと一緒に「野生の世界」を構成する一員であったに過ぎなかった。土木を手に入れ、自分たちが住まう環境を改変させることに成功したからこそ、ヒトは人間となり、たんなるヒトの群れから「文明社会」が生まれたのである。

土木がつくりあげる「有形の文明」

先ほど文明には「有形の側面」と「無形の側面」があると指摘した。

この指摘に従うなら、**土木とは「有形の文明」をつくりあげる営為**なのである。[*1][*2]

この「有形の文明」は言うまでもなく、「無形の文明」の「**器**」となっている。そう考えれば、文明とは、「水をなみなみと湛えた一つの器」の様なものと比喩的に表現することができる。その水は「無形の文明」、器が「有形の文明」だ。この両者をあわせて「文明」の総体を成すのである。

仮にその中身の「水」がその文明の本質であったのだとしても、その水は「器」がなければ片時もそこにとどまることなどできない。だから、都市や国土のない文明は存在しえない。それは学舎のない大学、官邸やホワイトハウスのない政府など、この世に存在しないことと同じなのだ。

そして、「有形の文明」の器をつくりあげるのが土木である以上、**土木がなければ、文明は片時もそのまま存続し続けることなどできず、瞬く間に消滅してしまう**のである。だからこそ、土木がつくりあげる、有形の文明としての国土や都市は、全ての基盤（社会基盤）であり「土台」、すなわち「**インフラストラクチャー**」（下部構造）と呼ばれるのである。

もう少し具体的に言おう。

万一人々が暮らしていくために必要な「都市」や「国土」が存在しなければ、人々は日々、食料調達や身の安全の確保などに全勢力を傾けねばならなくなり、文明的な暮らしなど不可能となる。

そもそも、そこに「道」がなければ、どこかに移動する際、泥だらけの土の上を歩んでいかねばならない。それでは文明的なスーツを着て靴を履くことなど不可能となる。あるいは、堤防もダムも何もなければ町はいつも洪水にみまわれる。そんな町では映画や音楽や食事を家族や友人達とゆっくり楽しみながら過ごす「文明的な生活」を送ることなんて不可能となる。*3

つまり、文明的な暮らしを保障する最低限の環境としての都市や国土があってはじめて人々は、文化や芸術も含めた高度な精神活動を行うための「余裕」を得、それを通して人々の「無形の文明」が維持され、発展し、高度化していくことができるのである。

そうして「無形の文明」の水準があがればあがるほど、「有形の文明」の都市や国土もさらに高度化していくこととなり、無形なる文明と有形なる文明の双方が双方を高めあいながら、文明は高度化していき、人々はますます野生・野蛮から離れた高みへと上昇していくことが可能となる。

なおそのプロセスの中で「自然との共生」が大きな問題となるのが世の常であるが、文明の高度化は、そうした問題をすら解決していく道を探り当てるのである。

いずれにせよ、そうした文明の高度化のプロセスを展開していくためにも、その基盤たる都市や国土をつくりあげる「土木」が必要不可欠なのである。こうした構図があるからこそ、英語においてその土木の技術が「文明そのもののための技術」として「civil engineering」と言われるようになった。

土木なくして文明なし。土木があってはじめて文明が生まれ、伸長し、高度化していくのである。

第二節　築土構木の思想

土木技術者の「倫理綱領」

英語圏ではインフラをつくり、都市や国土をつくる営為はcivil engineeringと呼ばれてきたが、わが国では「土木」（あるいは、土木工学、土木学）と表現されてきた。

この土木という言葉は紀元前の中国の古典から、インフラづくり、まちづくり、国土づくりを表す言葉として使われてきており、日本においても古くからその言葉を輸入し、使われてきている。

ただし、日本では土木という言葉は、本来的には困った人々を救う「救済行為」「利他行《りたぎょう》」という趣旨を込めて使われる。例えば、土木学会では、土木に携わる技術者、すなわち土木技術者の「倫理綱領」が以下のように定められている。

土木技術者は、
土木が有する社会および自然との深遠な関わりを認識し、
品位と名誉を重んじ、
技術の進歩ならびに知の深化および総合化に努め、
国民および国家の安寧と繁栄、
人類の福利とその持続的発展に、
知徳をもって貢献する。
（平成26年5月9日　改定）

これはつまり、土木に携わる技術者は第一に、インフラの整備や運用を通して国土や地域に手を加える土木という営為は、社会や自然に甚大な影響を及ぼすことをしっかりと自覚しなければならない、ということを宣言するものである。

その上で、そうした認識の下、「品位」を持ち、かつ土木技術者としての「誇り」を持った上で、しっかりと研鑽を積み、思想や知識を深めていかなければならない。

こうして、くにづくりやまちづくりを行うということの重大な意味を認識し、かつ、技術者として多面的に研鑽しつづけながら、日本の国民や国家が安寧あるかたちで豊かに栄えていくことに貢献しなければならない。
そしてそれのみでなく、日本を含めた世界、人類の持続的な発展に貢献しなければならない。
以上が、この倫理綱領の趣旨なのだが、一言で言うならそれは、**土木に携わる技術者は、日本や世界に役立つべく、（いったい何が「役に立つ」ということなのかという哲学的な問題を問い続けながら）努力し続ける存在**だと宣言するのが、この土木技術者倫理綱領なのである。

「淮南子」の思想

この倫理要綱は、平成26年、西暦２０１４年に制定されたものであるが、その思想は、その２０００年以上も前の紀元前2世紀頃に纏《まと》められた中国の古典哲学書「淮南子《えなんじ》」にて、「**築土構木**」という言葉を用いて、次のようにすでに描写されたものであった。

「昔、民は湿地に住み、穴ぐらに暮らしていたから、冬は霜雪、雨露に耐えられず、夏は暑さや蚊・アブに耐えられなかった。そこで、聖人が出て、民のために**土を盛り材木を組んで**室屋をつくり、棟木を高くし軒を低くして雨風をしのぎ、寒暑を避け得た。かくして人びとは安心して暮らせるようになった[*1]」

この傍点部分の原文が「**築土構木**」という言葉であり、これがしばしば「土木」を意味するものと言われてきた。例えば、明治時代の辞典である三省堂書店『漢和大字典』(1903年)、六合館『新訳漢和大辞典』(1912年)および春秋書院『大漢和辞典』(1925年)では、「土木」の説明に「淮南子」、ないしは「淮南子の築土構木」が引用されている。

これらの辞典が意味しているのは、この淮南子の一節は「土地を盛る、木を組む」という「行為」そのものが土木という言葉の意味だということである。しかもこの一節は、その築土構木という「土木の営為」は、「聖人」——ソクラテス流に言うなら哲人——が「民のため」に行うものである、ということもあわせて示すものである。[*1*4]

そもそも、必ずしも土木の「語源」だとは見なされていない「築土構木」という言葉が日本において、土木を意味するものだと考えられてきたのは、「土木」という言葉が、ただ単に「文明化させていく」という側面を強調したcivil engineeringという英語でのニュアンスでは捉えられていなかったことを意味している。日本ではそうした「土木」という言葉を、「困った人々への救済行為」、あるいは「公衆を慮る精神」に基づいて進めるという「**利他行**」(**世のため人のための行い**)のニュアンスを込めて用いてきたからだと言えよう。

これこそ、淮南子における「築土構木の思想」であり、日本の「土木」の基本思想を成すものだ。そしてそれが、前近代における行基《ぎょうき》らをはじめとする仏教の僧侶達の衆生《しゅじょう》救済のための土木(第四章参照)へとつながり、さらに近代、明治期以降の土木につながった。例えば、近代黎明期に庶民の暮らしの向上のために一意専心した土木技術者、青山士《あきら》が遺した言葉である「**人類ノ為メ、國ノ為メ**」(**人類のため、国のため**)の精神へとつながり、そして、本節冒頭で紹介した、今日の土木学会の「倫理綱領」へとつながっているのである。

第三節　「みずほの国」はこうしてつくられた

水田稲作と日本国家の成立

古事記では、わが国は「**豊葦原水穂国**《みずほ》」（**稲穂が豊かに実り栄える国**）と呼ばれた。今日でもこれを受け、わが国はしばしば「みずほの国」と呼ばれている。つまり「稲作」こそが、日本の象徴そのものなのであり、稲作がなければ社会も経済も文化も歴史も、全てまったく違ったものとなっていたに違いない——それがわが国日本だ。

そして、その「稲作」は大陸から「輸入」されたとしばしば指摘される。それはもちろんそうなのだが、それを日本に定着させたのは「**土木**」**の力**であったことは、しばしば看過されているようだ。つまり、土木の力がなければ、どれだけ稲作が輸入されようが、日本に定着することもなく、わが国が「みずほの国」となることもなかったのである。

本節ではそんな視点から、土木がいかに稲作の導入と拡大にとって欠くべからざるものであったのかに着目することとしたい。

今から約1万5000年前に始まったと言われる縄文時代も中期（約5500〜4500年前）に至ると、日本の先人たちはトチ・ヒシ・クリ等の採集や狩猟、漁労など、単に自然の恵みを一方的に獲得するだけではなくなっていた。例えば、クリの大規模な栽培（すなわち集団による土地への積極的な働きかけである「農」の取り組み）を始めていた様子が遺跡から確認されている。[*5]

もちろん、このような形で栽培・収穫するようになれば「定住型集落」が必要となる。だからこの頃の多くの遺跡では、掘削や盛土による整地、環濠、木枠や石を積んだ低地の水場など、土木によって形成された「集落跡」が見つかっている。[*5]

こうして、縄文時代中期から「定住による農作業」が徐々に始められていた。事実、縄文晩期ともなると「イネ」が日本列島各地で検出されている。ただし当時のイネは、水田での栽培には向かない品種（熱帯型ジャポニカ）であることから、縄文時代の稲作は主に焼き畑などで栽培された陸稲であったと考えられている。[*6]

そんな中で今日の「水田稲作」が日本で本格的に始まったのは弥生初期だった。

当初は、「低湿地」で始まった水稲栽培は、やがて徐々に本格的な水田稲作へと移行していった。**水田稲作**（**温帯型ジャポニカ**）は、それまでの焼き畑での稲作に比べ面積当たりの収穫量が大きく、連作や雑草による被害も少ないという利点を有していた。しかし一方で、その運営には水平な田地の造営、貯水設備や水路など様々な灌漑設備の設置、畦畔《けいはん》で区切った画地の造成など、**遥かに高度で大規模な「土木」を必要**としていた。

だから、弥生人たちが稲作を拡大し、**より豊富で安定した食糧を獲得し人口を急増させていくには、稲作のための「土木」が必須だった**のである。逆に言うなら彼らは、土木事業、およびそれを行うための技術がなければ、水田稲作を拡大することもできず、暮らし向きも人口水準も「縄文時代」の水準にとどまり続けていなければならなかったのである。

しかも、この**土木の推進は、弥生人の「政治的傾向」にも巨大な影響を及ぼした**。なぜなら、この「稲作のための土木事業」が全国で拡大していくにしたがって、土木事業を指揮する者と指揮される者という階層が、全国各地で「一般化」されるようになっていったからである。そして、それを通して大小多数の「リーダーを有する集落」が、全国各地で形成されていった。[*6] 同時に、穀物という長期保存が可能な食糧を得たことで富の集積が可能となり、それが集落間の序列化や、支配と服従という権力構造の進行を促した。

縄文や弥生時代の遺跡から発掘された受傷人骨を調査し、各時代の殺傷や戦闘パターンを分析した研究によれば、縄文時代の戦闘は狩猟用の武器を用いてのせいぜい数人程度の場合が大半であったが、これが弥生時代の中期ともなると、武器も対人用に特化したものが現れ、また、一遺跡から大量の受傷人骨が検出されるようになるなど、集団戦へと変化する。[*7] このことも、水田稲作という生産手段を巡っての、また、集積した富を巡っての争いが激化していった様子を物語っている。

こうしていたるところに存在することとなった多数の集落群こそ、後の倭国、さらには大和王権の「シーズ」（種）なのであり、それらのインターアクション（交流、争い、和睦、統合、序列化など）を通して古代日本の国家が成立していったのである。

つまり、**土木こそが「弥生人」を生み出したのであり、その後の古代の時代の方向性を決定付けた**のである。これこそまさに、「土木」それ自身が日本の歴史にもたらした巨大なインパクトである。

狩猟採集社会からの脱皮　縄文の土木

ところで、ここで弥生時代に先行する縄文時代の「土木」に改めて着目してみよう。そこには、弥生時代における大転換の「萌芽」がすでに見られたようである。

まず、最近の考古学研究では、長らく現代人に共有されていたイメージとはずいぶん異なる実状が、縄文時代にはあったことが明らかになりつつある。

その典型例が、１９９２年から本格的に始められた青森県の三内丸山遺跡の発掘調査だ。縄文中期から後期、約５５００〜３３００年前にかけて、約５ヘクタールの遺跡に竪穴住居が約５８０棟、長さが10メートル以上の大型竪穴建物跡20棟、直径１メートル長さ10メートル以上のクリ材６本を用いた櫓《やぐら》のような高床の建物などが検出されたほか、環状配石墓や幅員５〜14メートルの道路跡も確認されるなど、リーダーの適切な指揮がなければ難しい土木事業の足跡が見られている。[*5]

また、遺跡及びその周辺の台地ではクリの大規模栽培が行われていたことが確認されており、クリの収穫量に関するカロリー計算や大規模櫓の構築に要する労働力等を勘案すれば、最大５００人程度の大集落だった可能性も指摘されている。[*6]

このように三内丸山遺跡に代表される縄文時代中期以降は、一定の規模と、リーダーの指揮の下で土木事業の展開力を有する農耕集落が拠点的に点在する社会であり、**狩猟採集にのみ頼る社**

会からはすでに脱皮を終えて、次の時代への助走路を準備していた様子が明らかにされている。
一方、縄文時代の人口は、早期（約8100年前）の約2万人から中期後半（約4300年前）の約26万人まで増加を続けたものの、その後の寒冷化による落葉樹林の後退に伴う収穫量の減少のため人口扶養力も衰え、縄文末期（約2900年前）には約8万人へと大きく減少していた。[*8]
このような気候変動に対する脆弱性を克服し、日本が国家統一への歩みを始めるにはやはり、土木の力に基づく「水田稲作」の本格的な導入が必要だったのである。

縄文集落から豊葦原水穂国へ　弥生の土木

水田稲作がいつ頃、どのようなルートを通じて日本にもたらされたのかについては、様々な研究があり現在も必ずしも決着を見ていないが、最近の研究では前10世紀（約3000年前）からとも指摘されている。[*9]
なお、人口については弥生時代末期（約1800年前）には約59万人であり、縄文時代ピーク時（約4300年前）の2倍以上、縄文末期（約2900年前）からは**7倍以上の人口**を見るに至ったと考えられている。[*8]　この**急激な人口増はもちろん、稲作がもたらした**ものだった。
繰り返しとなるが、そもそも水田稲作は高度で大規模な土木事業を通じてはじめて成立する。初期の水田稲作遺跡である福岡市板付《いたづけ》遺跡では幅2～4メートル、深さ2～3メートルの人工水路が掘られ、途中に堰が設けられ、そこから田に水が供給されていた（写真1参照）。
堺市西浦橋遺跡（弥生時代中期）では幅10～20メートル、深さ2メートルの河川本体に堰が設け

写真１　環濠や灌漑施設を備えた板付遺跡のジオラマ（福岡市提供）

られ、より供給水源の安定性を増した土木システムが導入されている。[*6] 供給された水はやがて排水されなければならないから、取・排水一貫の本格的な人工灌漑設備が必要であった。

このほか水平が保たれ畦畔で区切られた田地を造成するのも当時の器具を考えれば容易ではない。弥生初期には石器と木器、中期になってはじめてそれらを鉄器、青銅器が補うようになったことを勘案すると、先に指摘したように灌漑設備の整備と合わせ、水田の開発と運営には、集団による重労働を伴う大掛かりな土木事業の展開が必須だった。

このため水田稲作農法は、リーダーの下で集団が共同作業を行うという社会構造とともに全国へと広がり、それを通して政治的権力を有するリーダーとしての首長を誕生させ、さらに水田の拡大は、首長間の序列化と統合をも加速させていったことは先に指摘した通りだ。
すなわち農業生産を軸として、**より広域的なレベルで、支配と従属の関係がつくられ強化されていった**のであり、この動きが弥生時代を越えて古墳時代まで引き継がれることとなっていくのである。

統一国家への歩み　ため池の時代

その後の国家統一への歩みを駆け足で眺めれば、弥生時代に続く古墳時代になると、長く続いた首長（地方豪族）間の権力闘争を経て、複数の地方豪族からなる連合政権として大和王権が統一への地歩を固め始める。

飛鳥時代に入ると、7世紀の大化の改新や壬申の乱を経て8世紀初頭（701年）には**大宝律令が制定され、国名が日本と定められる**。[*10] ちなみに720年に完成した日本書紀には、「大日本〈日本、此云耶麻騰。下皆效此。〉豊秋津洲」との記述があり（巻第一 神代 上）、日本について耶麻騰（ヤマト）との訓注が付されている。[*11]

この間も一貫して水田は拡大を続けるが、そこに**動員される土木はさらに大規模なものとなっていく。特にこの時代を特徴付ける灌漑技術は**、8世紀初頭に築かれ9世紀初頭には空海によって改修が図られた満濃池《まんのういけ》に代表される、**ため池の造営**であった。

日本書紀にも、崇神、垂仁、応神、仁徳などの天皇が全国に数多くのため池を造営させ、多くの池溝《うなて》を掘らせた旨の記述が見られる。このことからも弥生末期から古墳時代・飛鳥時代を通じて大規模なため池造営を伴う灌漑事業が精力的に進められ、全国で水田が拡大していった様子がうかがわれる。[*12]

また、大規模なため池によって新たに開拓された水田は、非灌漑時には田面が乾燥する乾田であり酸素供給量が十分であるため、湿田に比べはるかに高い生産性を示した。[*12]

日本書紀がまとめられた直後（約１３００年前）の人口は約４５１万人。弥生末期（約１８００年前）からの５００年で7倍以上の人口増である。[*8] 当時、人口は国力そのものだったと考えれば、**水田稲作は日本の国力を５００年で7倍に高めた**と解釈できる。

こうして「土木」の力によってはじめて日本は稲作を始めることができたのであり、それを通して、国力を高め、「みずほの国」として大きく繁栄していくこととなった。**農は国の本《もと》（農業が国の根本である、の意）であるが、その「本」を根底から支えたのは「土木の力」なのである。**

第四節　宮沢賢治と土木

日本初の近代土木技術者、井上勝

岩手県にある「小岩井農場」。おそらく乳製品の生産元としてその名をご存じの方は多いのではないかと思う。実はこの農場は１００年以上の歴史を持つ本州最大の規模を誇る大農場で、明治期以降の**近代日本の農を支え、日本人の食を支え続けた重要な農業インフラ**だった。

しかしそれはただ単に食料供給という機能を果たすだけの存在ではなかった。その人為と自然との共同作業でつくりあげられた大農場の建設は、**最も美しい日本の風景の一つ**を生み出した。例えば、岩手の宮沢賢治は、この農場の自然を愛し、幾度も訪れていたという。そして、次のような詩を残している。

すみやかなすみやかな万法流転《ばんぽふるてん》のなかに
小岩井のきれいな野はらや牧場の標本が
いかにも確かに継起《けいき》するといふことが
どんなに新鮮な奇蹟だらう

（『春と修羅』所収「小岩井農場」より）

「小岩井の野はらや牧場」の万法流転の美しさはまさに、日本を代表する詩人、宮沢賢治の精神を激しく捉えたのである。

この小岩井農場ができあがったのはもちろん、日本の農を支える農場をつくろうとか、美しい空間をつくり出そうとかいう意志があったからだ。しかしそれらの意志が生まれたのは、「井上勝」という一人の土木技術者による、自らの土木プロジェクトに対しての「自責の念」、その罪滅ぼしをせねばならぬという思いがすべての契機となっている。*13

「井上勝」といえば、日本の近代土木における文字通りの草分けである。幕末に伊藤博文らと共に5人で英国に渡り、他の4人が政治を学ぶ中で1人、近代土木技術の基礎を学んだ。そして、明治元年（1868年）に帰国して以降、新橋・横浜間の鉄道開通をはじめ、東海道線や東北本線など、数々の鉄道工事で陣頭指揮にあたったのであった。

その井上勝が、内閣鉄道局長官であった明治21年、東北本線工事視察のために岩手を訪れた際、岩手山南山麓の広大な荒地を打ち眺めて、驚くとともにある感慨にとらわれ、次のように述べたと伝えられている。

「これまで、十数年、鉄道敷設の事業に営々と携わってきた。そして、その間、わが国の文明開化のためとは言いながら、美田良圃《びでんりょうぼ》をつぶしたことも数知れない。（中略）せめてこういう土地を開墾し、農牧の利用に供し、その埋め合わせをするのが国家公共のためではあるまいか」

つまり、江戸期までにつくられた美しい田園風景の多くを、近代国家建設のために必要不可欠であった鉄道をつくるためにつぶしてしまった――そのことに対する自責の念を井上は長年持ち続けていたのである。そしてその「埋め合わせ」をするために、この地に大きな農地をつくる必要があるのではないか、と目の当たりにした「荒地」を前に、決意したのである。

その後、井上勝は、ある宴席にて日本鉄道会社の副社長であった小野義真《ぎしん》と、当時の三菱社の社長であった岩崎弥之助に向かってその思いを伝えたところ、岩崎がその場で出資を応諾し、その地に広大な農場をつくることが即決されたという。

こうして、**小野、岩崎、井上の頭字を冠した「小岩井農場」なる広大な農場**がかの地につくられることとなったのであった。

田園風景は生の姿ではない

土木技術者の倫理綱領に明記されているように、土木を行うにあたっては「土木が有する社会および自然との深遠な関わりを認識」することが何よりも重要だ。さもなければ、私たちの社会や国家を繁栄させ、より豊かで豊饒なものに発展させていくことなどできなくなる。そしてその「深遠なる関わり」とは一面においては歴史をつくり文化をつくり、社会や経済を発展せしめるという側面を意味するものではあるが、それと同時に、自然や田園を壊してしまうという側面を意味するものでもある。東海道本線や東北本線をつくりあげた井上勝はまさにその側面に思いを致し、深い自責の念を抱いたのであった。

しかし、この小岩井農場の事例が意味するように、日本を代表する詩人である宮沢賢治がこよなく愛するほどに美しい空間を、農場という形でつくりあげることができるのもまた、「土木」の力なのである。

つまり土木は、経済的発展や近代化、開発のために自然を破壊するという側面を持つばかりでなく、**美しい自然を残し、つくることもできる**のである。

そもそも、**地方に広がる「田園風景」はすべて、生のままの自然ではない**。それらはすべて、人間と自然が共生することを企図した**「土木」の力によって人工的につくりあげられた風景**だ。

土木とはそもそも自然の中にわれわれが住まう「住処」をつくりあげる営為だ。ただしその住処はいったんつくりあげればそれで終わり、というものではない。人間が限られた存在である以上、長い時間をかけて「試行錯誤」を重ねることが、よりよい「住処」をつくりあげるためには必要不可欠だ。そんな試行錯誤が高度に展開されればされるほどに、われわれはこの大自然の中であらゆる意味で豊かで安寧ある暮らしと社会を築き上げることができるのである。

今日の私たちの国土は、先人たちのこうした試行錯誤によってつくりあげられ、そのインフラ（下部構造）の上に、私たちの文化や歴史、社会や経済といったスープラ（上部構造）が築き上げられているのである。現代を生きるわれわれもまた、後世に対してそうした試行錯誤を積み重ねていく責務を負っているのである。

【参考文献】

＊1　藤井聡『土木計画学　公共選択の社会科学』学芸出版社、２００８

＊2　長尾義三『土木計画序論　公共土木計画論』共立出版、１９７２

＊3　土木学会『土木という言葉について』（土木学会ホームページ参照）

＊4　古木守靖、小松淳「『築土構木』の謎　伝えたい『土木のこころ』」、『土木施工』２０１７年12月号、pp.114-117

＊5　奈良文化財研究所ほか編集『日本の考古学（上）』学生社、２００７

＊6　中田興吉『「大王」の誕生』学生社、２００８

＊7　内野那奈「受傷人骨からみた縄文の争い」、『立命館文學』６３３、立命館大学人文学会編、２０１３

＊8　鬼頭宏『人口から読む日本の歴史』講談社学術文庫、２０００

＊9　春成秀爾・今村峯雄編『弥生時代の実年代』学生社、2004
＊10　三宅武郎「国号『日本』の読み方について」、『文部時報』第889号（1951年9月号）、1951
＊11　神野志隆光『「日本」とは何か　国号の意味と歴史』講談社現代新書、2005
＊12　本間俊朗『日本の人口増加の歴史　水田開発と河川の関連』山海堂、1990
＊13　藤井聡「小岩井農場と井上勝」、『土木学会誌』92（3）、p.17、2007

第二章

土木なくして文明・文化なし

第一節　都市をつくった土木

世界史における土木の登場

チグリス川・ユーフラテス川のほとりが、世界的に見て灌漑農業発祥の地だとされるが、エジプト、インダス、黄河（最近では長江にも古い文明があったことがわかってきた）などの四大文明はそのいずれもが、灌漑を発明することで文明を発展させてきた。

人類は、耕地を区画して高低差を調整し、そこに水路を整備したり、水路に取水堰を設けるなどの土木行為を獲得して、その後の飛躍的な発展のスタートを切ったのであった。さらに、灌漑は人々の定住をもたらし、それが「都市」を誕生させた。都市は、人と人との濃密なふれあいを育んで種々の発明を生み、文明のゆりかごと言われるのだが、そのゆりかご「都市」の成立を可能としたのが、都市城壁（＝City Wall）の発明だったのである。

この灌漑農業によって四大文明が生まれた地域は、広大な平地のなかにある。黄河流域周辺には世界最大級の大平原が広がっている。これはヨーロッパ中央部よりかなり広く、６００～７００キロメートル四方が平原となっているほどに広大な平原なのである。

灌漑農業を生んだ人々の周辺には、この文明を育んだ人々とは異なる多様な民族、山岳民族や遊牧民などの農業を持たない異民族が存在していた。これらの人々は、自然からの採取や放牧を暮らしの糧としていた。

したがって、気候が不順になると食料を得られない周辺の異民族が、農耕によって穀物などを備蓄していた灌漑農民を襲撃して食料を略奪する事件は頻発したに違いない。このとき、農民たちは愛する者の死に遭遇したのである。略奪民は抵抗する農民や力の弱い女性や子供を虐殺していったのだ。

人は愛する者の死に臨んで最も深く考えもするし、最も深く感じもする。人が最も感じるのは愛するものの死に心を揺さぶられる時だし、最も考えるのはこの死が二度と起こらないためには何をすればよいのかを考える時なのである。

こうした事件を何度も何度も繰り返し経験したことから、ついに灌漑農民は抜本対策として集落全体を城壁で囲むという方法を発見したのだった。費用も労力も膨大にかかるけれども、これしか方法がなかったのだ。このことは四大文明共通の発明だったのである。

今から５５００年前のチグリス川・ユーフラテス川の下流域で生まれたシュメール人は、この城壁の中で、王政という統治制度を発明し、神を祭ることを覚え、時代はやや下るが文字を生み出して記録を始め、旧約聖書につながる叙事詩を残したのである。

つまり、都市はまさに文明を育み、今日につながる文明の全体がここで生まれた。それを可能としたのは「多くの人々がまとまって安心して暮らせるための都市城壁」の発明だったのだ。都市が文明のゆりかごだと言われるのは、こういうことなのである。

土木が文明を誕生させたのである（中国の古典に記された土木は今日の建築を包含した概念となって

いる)。cityの語源はラテン語のcīvitāsであるが、それは「壁のなかで人々が蝟集するところ」との意味だというのも当然なのである。

また、中国の「國」という漢字は、今では国を意味して使われるが、もともとは都を意味しており、「城壁のなかで戈《ほこ》を持って守っている様子」を意味していたというのだから、cīvitāsと同じなのだ。

その後、ローマでは、アッピア街道などの幹線道路だけでも約9万キロメートルも整備したり、都市には上下水道を用意するなど、時代に応じた土木によるインフラ整備を行い、そうしたインフラが国家統一を支え、広大な領土の統治を可能としてきた。

近世に入ると、鉄道、港湾、空港、高速道路、地下鉄など時代を支えるインフラを生み出して今日に至ってきたのである。土木はどの時代においても、最も社会を支える基礎構造を提供してきたのであった。

国家土木の時代　条里制・口分田と官道整備

転じてわが国の古代に目を向けると、「みずほの国」としてのわが国はその田をつくる土木によって、その基盤がつくりあげられ、はじめて国家として成立したものであったことは、先に示した通りだ(第一章第三節参照)。そしてそんな国家の基礎中の基礎が土木の力によって概ねできつつあった中で起こった645年の乙巳《いっし》の変(大化元年)以降、中国の律令制度を取り入れた一連の改革が行われた。統一国家としての体裁を整える諸改革により、国家組織、税制、刑罰制度、官僚制度が整えられたが、全国支配のためには、命令や派遣軍が全国に行き渡ることが可能で、「租」税収が中央に集まる「物理的な装置（＝装置システム）」が欠かせない。

班田収授法を決めただけでは、租が集まるわけではないのである。そこで、社会の基礎構造、まさにインフラストラクチャーとして、条里制のもと口分田を全国に整備し、これを中央に結ぶためと中央権力を誇示するための官道整備が必然の事業となった。

歴史書は、班田収授法が整備されたとか、そのための戸籍制度がつくられたとか、時代の「制度システム」については、文献もあることから丁寧に記述するのだが、装置システムについては、軽く扱ってほとんど関心を示さない。

したがって、インフラ整備がどの時代にもきわめて重要であったことを歴史から学べないでいるのが実態だ。当時、朝廷の支配が及ぶ全国の平地という平地すべてに条里制を整備して口分田を開いたこと、そのためには大人数の動員が必要で、それを可能とした強大な権力集中があったことが、歴史学を学んでもわからないのである。

平地を口分田にするということは、水田化することであるから、区画ごとに完全に水平にしなければならない。土を切土し、土に盛土するといった作業を丁寧に、かつ膨大にこなさなければできるものではない。

これに加えて全国に行き渡る官道を整備したのである。この道幅が、9～12メートルにもなっていたことがわかったのは比較的最近のことである。江戸時代の東海道ですら5メートル程度の幅しかなかったから、古い時代に大きな道幅の道路があったはずがないというのが歴史常識であったからである。

ところが、近年の発掘調査で、幅が先述のように広く、おまけに直線性にもすぐれていたことがわかってきた。佐賀県下の西海道では、現在の高速道路でも見られない直線区間が17キロメートルにおよぶ官道が発見されているのである。

こうして、土木は大和朝廷時代を切り開き、かつこの時代を支えていたのである。

第二節　水道が築き上げたローマ文明

都市国家を世界帝国へと押し上げた

テヴェレ川河畔の小さな一つの都市国家にすぎない存在だったローマが、一大帝国を築き上げるまでに拡大していった背景に、ローマ人たちの水道をつくりあげる「土木」があった。本節ではいかにローマが、「水道」の整備を通して発展する契機を得たのかを描写することとしたい。

当初、イタリア半島の有力な一勢力にすぎなかったローマは、前272年にイタリア半島を統一。さらに帝政へ移行する前27年までには地中海沿岸の大半を支配するまで拡大した。そしてトラヤヌス帝（後98〜117年）時代には現在のイギリスやアフリカ地中海沿岸全域までを取り込む、ローマ帝国史上最大の版図を獲得した。

この帝国の拡大をもたらした要因には、軍事力や政治の力など、様々なものが挙げられるものの、その重要な要因の一つに「水道をつくる」という土木の力があったことは必ずしも広く知られてはいない。

そもそも、**ローマが統治機構を形成しその強大化を進めるためには、中心都市（ローマ）への人口、産業、兵力、富の集積が不可欠であった。**帝国全土を支配するための求心力を得るためには、中心都市の拡大がどうしても求められたからであった。そして、**その中心都市ローマの大都市化において「水道」は必要不可欠な存在だった**のである。

前312年から後226年まで、約540年にわたり順次構築された11本のローマ水道は、それまでのヨーロッパ史上最大、ピーク時約100万人の人口を擁する大都市ローマの水需要をほぼ完璧に満たしていた。[*1] 飲料水や日常生活用水はもとより、市民の一体感を醸成する多数の大規模共同浴場（ローマ風呂）、市民や兵士の胃袋を満たすための農業や製粉業、武器製造のための製鋼業などへの産業用水、衛生的な街を維持するための下水道システムをも取り込みつつ、ローマへの集積と勢力の拡大を支えたのである。

ただし、この水道の建設および運営技術は、単にローマ市内だけでなく、支配下においた帝国内の主だった都市においても展開された。ポン・デュ・ガール（フランス）、セゴビア水道橋（スペイン）、ヴァレンス水道橋（トルコ）、ハドリアヌス水道橋（チュニジア）など、旧帝国内にはローマ水道の技術の足跡が数多く残されている。こうしたそれぞれの地域での水道の整備が、それぞれの都市の発展を導いていったことはもちろん、帝国による支配の定着と深化を促したことは言うまでもない。「絶対的統一の要求を象徴する」[*2] ものとして論じられたローマ水道とその土木技術は、ローマ帝国の拡大と繁栄をもたらした必要不可欠な要件だったのである。

ローマ水道の量と質と使い勝手

アッピア水道はその完成当時、人口5万人の首都ローマに日7・3万トンの水を供給した。3世紀前半にはローマの人口は100万人にふくれあがっていたが、11本の水道による総給水量も日113万トンに拡大され、市民1人当たり日1・1トンの水消費を支えていた。[*1] 現在、東京都水道局は、1330万人に日419万トンの水を供給しており、1人当たりでは約0・3トンである。[*3] **古代ローマ市民は現在の東京都民の3倍以上の水を、文字通り潤沢に使用できた**のである。

またローマ水道は、河川の表層水を水源とする1本を除き、他の10本は全て湧水や湖の深層水を水源としており総じて良質であったが、各水道水を合流・混合させることなく、11本の水道ごとに独立したシステムとしてローマ市内まで運んだ。その結果、それぞれの水道の水質に応じ飲用、浴用、灌水用、工業用などの使い分けが行われていた。[*1]

さらにローマ水道は、城壁近くの比較的標高の高いエリアに設けられた沈殿槽に入り、そこから貯水、給水、分水等の複雑なシステムを経て、端末の給水管に送られた。この間、水は重力だけをエネルギーとし自然流下によって市民に届けられ、使用後は下水として、再び自然流下によってテヴェレ川に放流された。このように、ローマ市内への到達点の標高を稼ぐ努力が、ローマ水道の使用勝手を非常によいものにさせたのである。

このようなローマ水道の量、質、使い勝手を実現するために、古代ローマ人は2300年前とは思えない高度な土木技術を総動員した。しかもローマ水道の総延長約504キロメートルのうち431キロメートル（85％）はトンネル、59キロメートル（12％）は橋であり、地表部分はわずかに15キロメートル（3％）のみである。[*1]それはいわゆる「構造物比率」（トンネルや橋の比率）が97％という、土木技術の結晶そのもののようなインフラだったのである。

まず、その大半をしめるトンネル構造は、外敵侵入時の施設防衛上有利であること、毒やゴミなどの投棄を防止できること、雨水との混合を防止することなど、主にセキュリティーや水質管理のために採用されていた。

一方、水源から水をローマまで運ぶ際、到達点のローマにおいて、できるだけ標高を稼ぐためには、ルート上に谷があれば、そこを橋で渡ることが不可欠であった。ローマ人は、多くの滑車を組み合わせた木製のクレーンを巧みに操りながら石を積み上げ橋を築いた。

これらのトンネルや橋では、補強と漏水の防止を兼ねてセメントも使われている。深い谷の場合、逆サイフォンを採用する場合もあった。[*1]

これらのインフラを整備する際、高度な測量技術が必要となることは言うまでもない。ローマ水道のなかで、水源地とローマ到達地点との標高差が最も小さいヴィルゴ水道の平均勾配はわずか0・00019、水平距離1キロメートルで19センチメートルの高低差である。[*1]このようなわずかな高低差の中でトンネルや橋を正確に築き上げた測量精度の高さ、施工精度の高さはまさに驚異的である。この他にも、配水管、バルブ、ノズル等に用いられた鉛や青銅等の加工技術、ハンダ技術なども含め、ローマ水道は当時の最新テクノロジーが凝縮されたインフラであった。

ローマ水道というインフラ

古代ローマ人は、現代人から見て「**インフラの父**」とも言いうる民族である。彼らにとって、ローマ法などの「制度」としてのシステムも、ローマ水道やローマ街道など「装置」としてのシステムと同様、常に補修、改定すべき対象であった。[*4]

水道や街道などの装置システムの整備が新たな統治環境を生み、その変化に対応するようにローマ法などの制度システムも改定に次ぐ改定が重ねられた。そして、新たな法(制度)システムを備えた統治環境の下で、新たな水道や街道などの装置システムが構築される。このような制度と装置のスパイラルを巧みに運用したからこそ、古代ローマ人は「インフラの父」たり得たのである。

こうして彼らが築き上げたローマ水道は、ローマ街道とともに、ローマを単なる都市国家から世界帝国へと導いた最大の立役者であった。そして言うまでもなく**ローマ水道それ自体がローマ文明を象徴するインフラストラクチャーであった**。

そもそも古代ローマ人は最大50メートル程度の高低差がある7つの丘と呼ばれるエリアを中心に暮らしていた。だから水道がなければ、彼らはテヴェレ川から水を汲み上げ、輸送することを日々続けなければならなかった。一方で彼らが巨費と膨大な労働力を投じてつくりあげた、500キロに及ぶ水道ネットワークのおかげで、**市民は水の汲み上げや輸送という重労働から解放されたのである**。その結果、新たに生じた労働力の余裕は、軍事への転用も可能であった。また豊富な工業用水は脱穀、製粉、金属工業等の生産性を大きく高めたが、それはまさに国力の増大そのものであり、軍事力の増強を導く原動力となっていった。

このような国力と軍事力の拡大を背景として、ローマは周辺諸国を次々と支配下におさめていくこととなったのだが、支配形態の大きな特徴のひとつは、いわゆる「ローマ化」と呼ばれる同化政策であった。なかでも被支配地における水道をはじめとしたインフラの整備は、占領地住民の生活水準を向上させ暴動や反乱の抑止に大きく寄与した。つまり、**戦闘は武力をもって行われたが、支配はインフラをもって行われた**のである。インフラによる統治がローマ帝国の安定化と長期化をもたらしたのである。

ローマ帝国の拡大と支配の過程を通じて形成された、文字（ローマ字）、法律（ローマ法）、兵制、度量衡、幣制など、ローマ文明の華やかなコンテンツの数々は、「ローマ水道」というインフラがあってはじめてもたらされ得たものなのである。

第三節　千年の都・京都と土木

「千年の都」をつくった治水・利水

「日本文化」の象徴たる奈良、京都――その奈良、京都をつくりあげたのが、「平城遷都」「平安遷都」という大土木プロジェクトだった。つまり、その土木がなければ、奈良、京都は存立しえず、結果、日本文化の象徴たる奈良や京都の文化は存在しえなかった。その意味において、土木は奈良や京都の文化をつくり出す営為であったと言うこともできるのである。

本節ではそんな京都や奈良がいかにしてできあがったのかに着目してみよう。

平安京は、北は船岡山、西は桂川、東は鴨川に囲まれた京都盆地につくられた。その地は賀茂川、高野川、天神川により形成された扇状地と沖積低地。したがって必然的にその地はしばしば水害に襲われた。

例えば、平安時代後期の白河法皇は、「賀茂河の水、双六の賽、山法師」と自分の意のままにならない「天下三不如意」の筆頭に、京都盆地北部を流れる賀茂川の水害を挙げている。[*5]

そんな地であったから都の建設のためには水害対策がどうしても必要とされていた。その一環として和気清麻呂《わけのきよまろ》は賀茂川で歴史記録に残る最も古い河川付け替え工事を行っている[*6]（図2―1）。

ところで、日本の古代都市の成立過程は、大まかに飛鳥時代までの「歴代遷宮」、その後の白《はく》鳳《ほう》・天平《てんぴょう》時代における短期間での「**遷都**」、千年の都となった平安京の「動かない都」の三時期に区分される。[*7]

7世紀末の藤原京以前には、父子別居や適地卜定《ぼくじょう》などを理由に天皇の代替わりごとに宮を遷す「歴代遷宮」であったが、宮の周辺に配置された居住区や諸施設などの大規模な移動を伴う、いわゆる都城の移動を伴う「遷都」へと推移した。[*7] それは聖徳太子の大陸文化摂取政策を受け継ぎ、大宝律令の制定を契機に急速に成長した中央集権的国家の成立と充実・強化を図ったためであった。[*8][*9] しかし、都の規模が大きくなればなるほど、移転は非能率・非経済的なものとなる。だから天武天皇は歴代遷宮を克服し、唐の長安のように「動かない都」を目指したのも、自然の成り行きであった[*10]。

その「動かない都」の場所の選定はもちろん、地形的・社会的な条件に基づく。例えば飛鳥〜天平時代を通じて藤原京・平城京の置かれた大和盆地は、四面を山で囲まれているが、それは外敵の侵入を想定したものだった。同時に、大和川とも近く、(難波を通した)大陸との交通や貿易・物資輸送などについても利点があった。

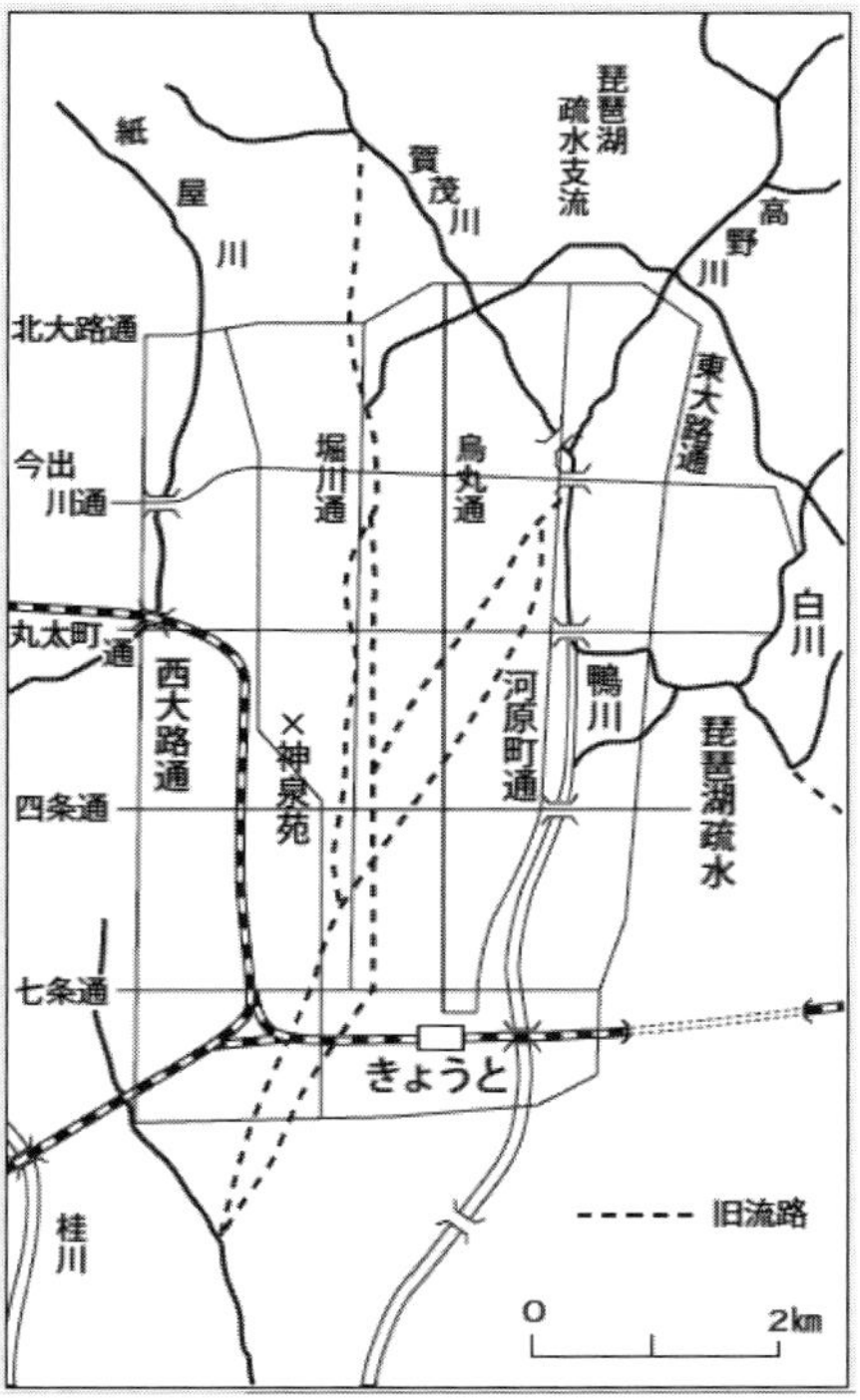

図2−1　わが国最初の河川付け替え工事（出典　建設省近畿地方建設局・国土地理院『近畿地方の古地理を訪ねて』）

しかし、都の造営や維持のため大和盆地周辺の木材資源の乱伐などにより山地が荒廃し、大和川からの流下土砂が増えたために年々河内平野を埋め尽くし、河床が上がり、舟運などには大きな支障が生じるようになっていった[*11]。

これが平城京からの遷都を後押しする原因の一つとなった。

そもそもその頃、都

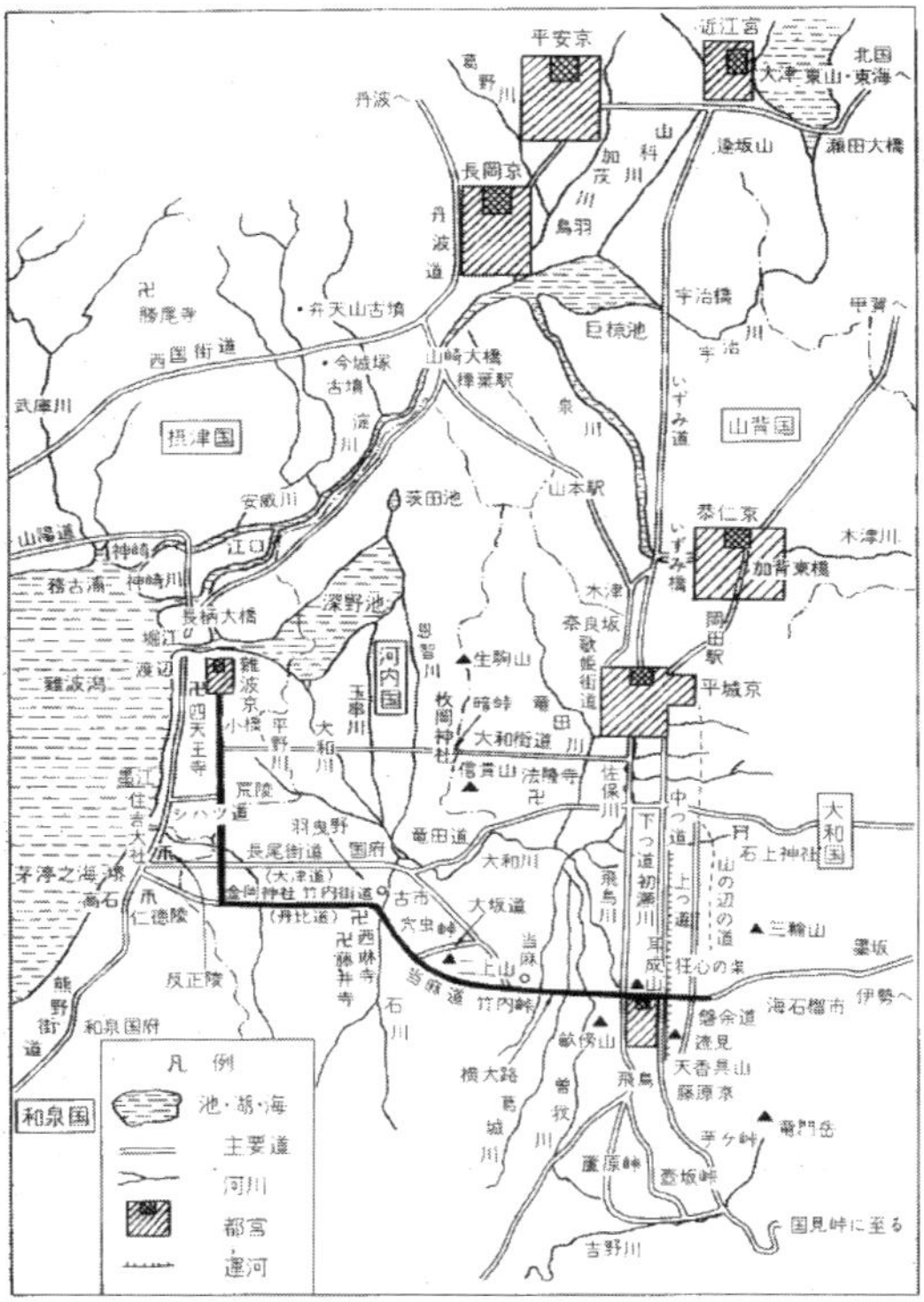

図2－2　古代主要交通路と都宮の変遷（出典　長尾義三『物語日本の土木史　大地を築いた男たち』）

の人口も増え舟運需要も高まっていた。加えて中央集権体制を確立・強固にするために、全国で国府や国分寺の建設が進められ、地方からの租庸調などの貢納物なども大量に輸送しなければならないようにもなっていた。

　こうした背景の下、**舟運により有利な京都盆地の長岡京、そして平安京への遷都へと至った**のである。京都盆地の南には、巨椋《おぐら》池があり、これが大和盆地や大阪の難波津を結ぶ水上交通の拠点となり得たからである。しかもそこからの陸路も比較的平坦で、さらには、淀川を通じて瀬戸内海にもつながるという利点もあったのである*6（図2―2）。

　さて、長岡京への遷都事業の一つとして、淀川下流部で淀川の流水の排水を良くするとともに、西国からの物資が円滑に運べるように、三国川の開削工事が行われた。[*11]そしてそれらの事業が、京都の千年の都としての繁栄を導くこととなった。

つまり、以上に述べた治水・利水両面からの数々の土木事業が、千年の都をつくる端緒となったのである。

「動かない都」を維持・継続させた土木

奈良・京都盆地には、「人間の営力」と、「自然の働き」の両者によって生じた地形が広く展開している。

「人間の営力」による地形の主な例としては、古墳、古道、条坊制地割、条里制地割、ため池などだ。条坊制の都城建設のための東西南北を縦横に走る道路・畔・溝の建設なども含めて、都城生活に密着した様々な土木事業が展開されたわけである。

なおこの時、正確な区画配置のための測量技術などがこれらを支えたことは特筆すべき点である。今日、奈良盆地の河川は東西、南北に「直線的」な流路になっているが、これら河川は、条里区画の基幹道をなす下ツ道や横大路に規制されるなど南北方向をとる条里制地割に一致しており、水田や道路とあわせて河川の直線化が進められた。[*12]

また、条里制による土地利用において、河川・水路の流路の固定は、上流からの土砂堆積と堤防嵩上げの繰り返しによる天井川の出現などを招いた。[*13]これはもちろん、人間と自然の働きによって生じた地形の一つだと言うことができる。

一方、平城京が長岡京に移った後の奈良は衰退することはなく、東大寺や興福寺の門前町として文化、商業の町として継続した。その周辺部では新田開発が盛んに行われ、11世紀、12世紀は興福寺や春日大社などの荘園が大規模に開発された。これは、条坊制や条里制の導入に伴い、必要な都市基盤、今日でいう道路・河川などの基盤インフラを整備していたことや、その後の河川の付け替えや洪水流の越流や勢いを緩和するための請堤《うけてい》などの土木事業が継続されていたからと考えることができるだろう。*6*14

そして、梅雨期、台風期に集中的に降水量の多いわが国では、都市を維持していくには今も昔も「雨水排除」が必要不可欠だ。

京都盆地北部の河川の氾濫土砂などで形成された平安京は、その地盤上に条坊制の都市計画がなされ、東西約4・5キロメートル、南北約5・2キロメートル、面積約23・6平方キロメートルの規模を持つ都城である。これまでの調査研究によれば、「雨水排除」のための「溝」は、碁盤の目状に整備された街路の両側または片側に設置されており、大路の溝が小路を横切り、小路の溝は大路の溝につながっていることがわかっている。堀川に向かう溝と堀川の地盤高の差異から溝の水が堀川に流れるシステムになっている。町内や宅地内などに降った雨水は小路の溝で集められ、それを大路の溝や東西の堀川といった幅の広い流路に送るということが考えられる。平安京の地形と考え併せると、町内や宅地内からの雨水は東西方向の溝が受け、それを南北の溝によって南へ流下させていたのである。*15

すなわち当時においてすでに、今日のような緻密な下水道・河川排水・衛生システムが構築さ

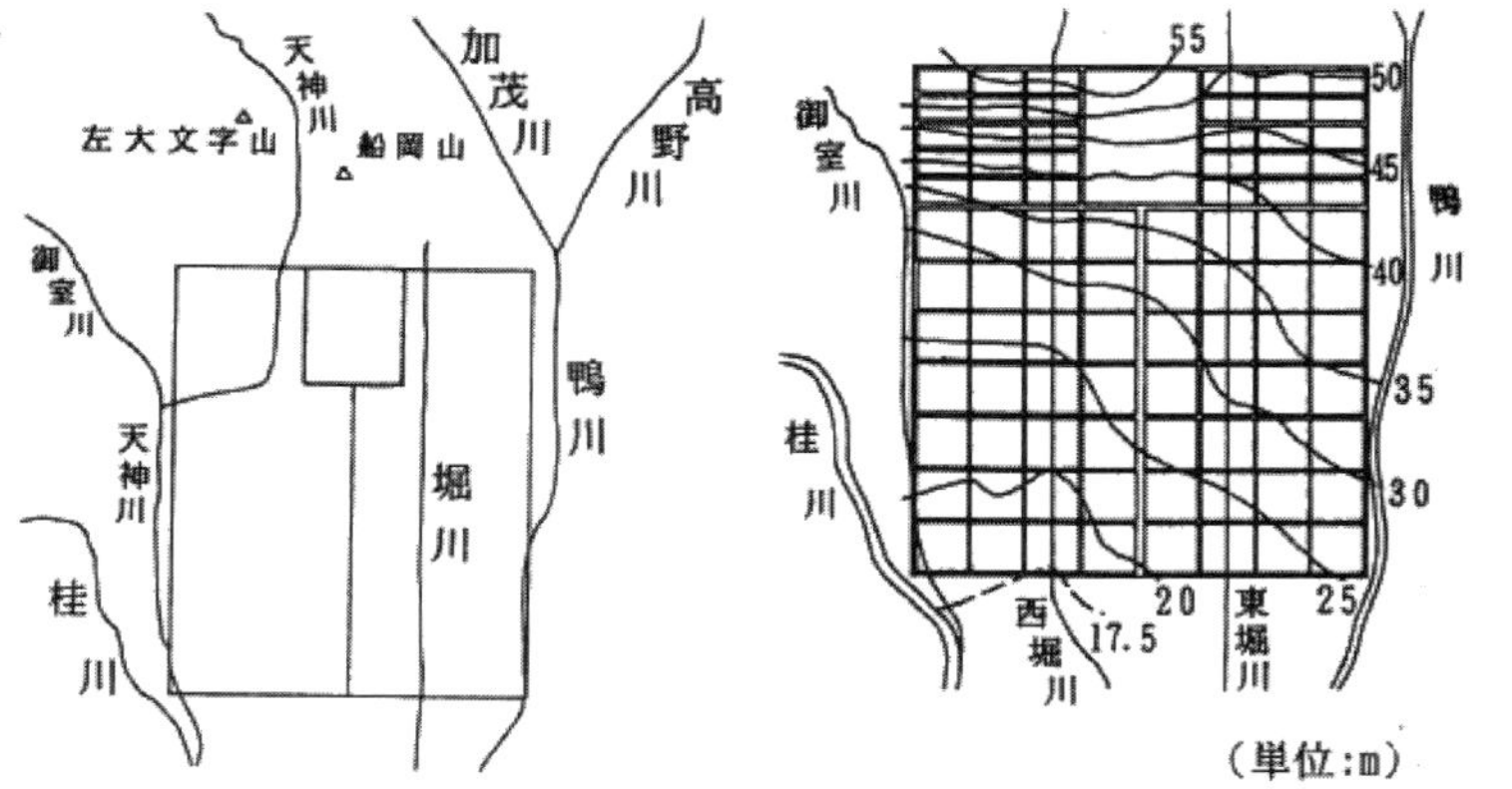

図2－3　平安京の位置と地盤の等高線（出典　神吉和夫、神田徹、増味康彰、中山卓「古代都市の雨水排除計画　平安京を事例に」）

れていた。そしてそれが可能だったのは、京都盆地北部の河川が河岸段丘の底部を流下する掘り込み河道であるということを、土木技術の視点から当時の人々が理解していたからなのである（図2―3）。

「千年の都」をつくったエネルギー

もう一つ、人々の活動を維持するために欠かすことのできない**水資源**についてはいかがであろうか。

都城の地盤は、粗粒のレキ層が主体で、一部粘土・シルトの薄層を挟在する。基盤までの堆積層厚は、200メートルから400メートル程度で、盆地底にはレキ層の良好な帯水層があり、しかも明瞭な地下水盆構造を持っているため、地下水には恵まれた環境にあることがわかる。旧《ふる》い井戸遺構による調査研究によると、平安時代の地下水位は、二条大路以北では近年とさほど変わらないもののの、それ以前では近年よりも10メートルほど地下水位が高かったようで、平安京の中では、およそ2メートルも掘れば大抵のところで安全で新鮮な生活用水が確保できたのだ。[*16] この巨大な水がめには今日の琵琶湖に匹敵するほどの水量があったと推計されている。都市の人口・生活・文化・歴史を支え、千年の都をつくったのは、京都盆地の地下に眠る無尽蔵の地下水だったのである。[*17]

瀬戸内海と通じる港湾施設たる「津」が内陸の水運拠点として設定されたのも、長岡京が最初であった。そしてこれがあったからこそ、清麻呂の手によって賀茂川の付け替え工事、平安京の都市計画は着々とできたのである。長岡京の門戸であった「淀津」を平安京の門戸にし、さらに内港を「鳥羽」に築くと同時に、鳥羽から鳥羽街道で、京の都に連絡したのであった。[*11]

「歴代遷宮」から「動かない都」へと転化するこの時期は、日本が大陸文化に触発されてそのエネルギーを発現しはじめた時期であり、**「都市建設」と「国内開発」の時期でもあり、国家のエネルギーはこの二点に集中された**のであった。そのためには、資材の採取、運搬、加工、整地、そのための準備などを行うことのできる土木事業が不可欠であった。[*8] そしてその土木の力が、「千年の都」を生み、日本文化の発展と深化へと繋がっていったのである。

第四節　治水、農地拡大が築いた江戸文化

江戸時代の人口増大はインフラによる

作家の安部龍太郎氏は、「家康の功績は凄く大きい。１００年で人口が二倍に増える、そういう社会状況を作り上げた」という意味のことを述べていたが、人口が増えるような環境整備を進めるのは簡単なことではなく、家康個人の功績と言えるようなものではなかったのが真実である。

氏は「家康の功績は大きい」というのだが、家康が「具体的に何をやったから人口が急増するような結果が生まれたのか」を何も示していないから、本来家康の功績評価など、できるわけもない。家康が何をどうしたのかを説明し、それがいかにして「人口増という社会状況を生んだのか」を読者に説明しなければ何も言っていないのに等しい。

ここでは、改めて江戸初期の「国土への働きかけ＝インフラ整備」が、いかに江戸時代そのものを形成していったのかをふり返ってみたい。

社会を支える基礎構造という意味で、インフラ（infra＝下の方のという意味の接頭語）ストラクチャー（structure＝構造）という概念を欠いてきた日本人は、それぞれの時代を支えたインフラストラクチャーが整備されていった歴史的事実に、極めて無関心だ。

特に現代人は、財政が厳しいなどと刷り込まれ、やるべきこともやろうとしないという怠慢の姿勢を保ち続けていることもあって、インフラへの理解が完全に欠落している。

実は、江戸時代の初めに人口増があったのは、その前提として「膨大な耕地面積の急激な拡大」があったからなのだ。このことは歴史書や歴史教科書にほとんど記載がなく、つまり、歴史学者はインフラ整備が歴史に与えた影響を理解できていないのである。

安部龍太郎氏が江戸時代の人口増について言うのなら、何はさておきこの事実を紹介しなければならなかった。

「実質的な領地拡大」とは

実際、1500年代の中頃に100万町歩程度であったわが国の耕地面積は、吉宗が治世する1720年頃には約300万町歩にまで拡大した。この背景には、戦国時代が終わり大名が領国経営に専念できる環境が整ったことがある。

この江戸の初期の耕地面積の拡大は、それまでの時代には、技術的にも組織動員的にも難しかった大河川の河道の付け替えや改修などによる。それに加えて新たな新田開発が伴ったのだった。さらにこの時期には全国で、箱根用水（深良用水）などの用水事業によって、水田可能な農地が急増した。

この時代に手がけることができた河川は、今日われわれが大河川と認識しているすべての河川だったと言えるほどに広範なものだった。

中部地方以東の主なものだけを見ても、最上川、北上川、阿武隈川、久慈川、鬼怒川、江戸川、多摩川、阿賀野川、信濃川、狩野川、富士川、大井川、天竜川、矢作川、庄内川、木曽川、揖斐川という大河川群である。

したがって、この江戸時代の初期を、「日本史上初の大河川改修時代」と呼ぶ人もいるくらいなのである。

この際の河道の付け替えやそれに伴う新田開発や用水事業などにより、それぞれの地域で何万石や何十万石という「実質的な領地拡大」が図られたのだった。

その結果、収穫高も1000万石程度から3000万石あたりにまで急上昇し、それによって養うことができる人口も、戦国時代末の1200万人程度から3000万人程度に増加したのである。「そういう状況」は、大名たちの懸命の努力とそれに従事し労働力を提供した農民たちの大変な努力のたまものだったのだ。家康が何か一片の通達を出したら生み出されたようなものではないのである。

労働力を提供した農民には、もちろん賃金が支払われたし、収穫高の急上昇は大名を豊かにした。だからこそ、17世紀末には「元禄バブル」も生まれ、このバブル時代の高揚感が今日われわれが元禄文化と呼ぶ「人形浄瑠璃」「歌舞伎」「浮世絵」などに結実した。さらに、数学の関孝和、本草学の貝原益軒《えきけん》、天文学の安井算哲らを生み出したのだった。

つまり、江戸初期のインフラ整備が元禄文化・江戸文化を生んだと断言できるのである。

明治の国力をつくった

ところが、順調に伸びてきた人口は、1700年を越えたあたりからピタッと増加を止めたのである。1721年に世界ではじめてとなる農民・町人まで含んだ国民全体の総人口調査を行ったのは、社会の基本は人口であることに気付いた吉宗だった。

秀吉は生産基盤は土地にあるとして強力な権力を背景に検地を行い、「抵抗するものは打ち首にする」というほどの厳命のもとに全国の地籍を確定していった。

しかし、吉宗は「1700年代に入ってから年貢収入が減少している背景に、人口減少がある」ことを理解した。これが世界初の総人口調査の背景だったのだ。

人口減少の原因は、新田開発をすれば、当分の間、年貢を負けてもらえることを悪用し、旧田に回すべき用水を新田に回したりして、「新田開発による収穫の減少」を生んだりしていたことだった。

そこで、吉宗は人口調査とともに、新田開発に思い切りブレーキをかけた。実は、当時の技術力で開発可能な土地は1600年代の100年間でほとんどなくなっており、技術力の限界の壁に突き当たっていたのである。

われわれが今、江戸時代の人口動態を知ることができるのは、吉宗がその後6年ごとの総人口調査を制度化したからである。こうして今日では、幕末に至るまでの間、総人口は飢饉による増減はあるが、ほぼ3000万人で推移してきたことがわかっている。

今でも人口調査は国勢調査というように人口は国力そのものであった。現在では、人口とともに経済力や軍事力などが国力を規定しているが、幕末には現在以上に人口の要素が大きかったに違いない。

1200万人の人口で幕末に欧米列強と対峙したのではなく、3000万人という国勢で対抗することができたことが日本の植民地化を防いだのだ。江戸初期の大河川改修やそれに伴う新田開発というインフラ整備（土木）が、明治を独立国家として船出させたのである。

第五節　『ファウスト』の究極の美

ゲーテは「究極の美」を描こうとした

劇作家であり詩人であり思想家であった「ゲーテ」は、西洋史上随一の教養人である。彼の代表作は言わずと知れた戯曲『ファウスト』。彼の生涯を捧げて書かれたもので、その全容が発表されたのが、彼の死の翌年の１８３３年だった。

この戯曲は、ある天才学者「ファウスト」の物語である。[*18]

ファウストは天才であるが故に、凡百の人間達が明らかにしてきた様々な学問的知識を究めていた。しかしそんな既存の学問は彼の無限の知識欲求を満たすことができず、失望していた。

そこに悪魔メフィストフェレスが現れ、生きることの充実感を得るため、全人生を体験したいと望んでいるファウストに対し言葉巧みに語りかけた。そして、自分は伴侶、召使、あるいは奴隷のようにファウストに仕えて、人生のあらゆる快楽や悲哀を体験させてやろう、ただしその代わり、お前の死後、お前の魂にはあの世で、生前とは逆に、俺の奴隷として仕えてもらうようにすると提案する。もとよりあの世に関心のなかったファウストはその提議を二つ返事で承諾する。

そして、もし自分に、ある瞬間に対して「**留**《とど》**まれ、お前はいかにも美しい**」と言わせることができるなら、自分の魂を持って行ってもいい、と約束する。

その後、メフィストはファウストに、自身の悪魔の力を駆使してありとあらゆる体験をさせる。素朴な街娘との恋愛や、その恋愛を巡る様々な悲劇、皇帝の下での国家の経済再建や戦争での勝利、挙げ句に、ギリシャ神話の世界に赴いた上での絶世の美女との結婚と、それを巡るさらなる悲劇――しかし彼は、これだけの体験を経ても決して満足することはなかった。ファウストにとって、これらの恋愛を巡る様々な情熱的な体験や悲劇、国家の再興や戦争などはいずれも、「究極の美」を与えるものとは言い得ぬものだった。

こうした物語を一生涯かけて描いた**ゲーテはもちろん、究極の美とは何かを考え続け、それを探求し、描ききろうとした**のである。そして、上述のような様々な体験はいずれも、究極の美とは言いがたいものだったと、ゲーテは考えていたわけである。

しかしゲーテはこの『ファウスト』のラストで、終にファウストの口から「留まれ、お前はいかにも美しい」と叫ばせる。

ファウストはいったい何を見て、心の底からの満足を得、何を究極の美と見なしたのかと言えば――それこそ「土木」だったのである。

ファウストは、様々な経験の果てに、悪魔メフィストとの会話の中で次のように口にする。

「この地球にはまだ、偉大な仕事をなすべき余地《よち》がある。驚歎すべきことが成されなければならぬ。私はひたむきに努力をすべき力を感じる」

これに対してメフィストは、なるほど、名を揚げたいんだなと応じると、ファウストは否定し、こう力強く口にした。

「事業がすべてで、名声は空《くう》なるものだ」

この「事業」という言葉こそ、まさに「土木」であった。

ファウストはこの結論に達するまで、先に指摘した様々な恋愛やそれを巡る悲劇、さらにはこの現実世界の国家再建などのあらゆる体験を経て、こんなものは究極の美ではないと悟った。そしてそんな彼に対して悪魔メフィストは豪奢な生活と名声で彼を誘惑しようとしたのだが、ファウストはそれも否定し、そこで、土木をなさねばならぬと断じたのである。

ファウストがたどり着いたのは「土木」

続けて彼は、彼が口にした「土木事業」にかける思いを語り始める。

「私の眼は遥かな海原《うなばら》に引きつけられた。それはふくれ上って、おのずから聳《そび》えたち、やがて低くなったかと思うと、波を逆巻《さかま》かせて、広々として平たい岸辺に襲いかかる。それが私の癪にさわったのだ」

なぜ彼は、海の荒れ狂う波を見て、苛立ったのかと言えば——その波は、人間のありとあらゆる努力や意志、さらにはあらゆる守るべきものを全て破壊しつくす「力」を持っている、だからわれわれ人間の営みは、全てこの自然の猛威の力によって屈服させられる——この「自然による人類の屈服」に対して、ファウストは苛立ったのである。

このファウストの心情は東日本大震災の猛威にうちひしがれ、復興する気力が萎えそうになってしまった中、何とか復興の意志を奮い立たせんとした被災地の人々の心情に通ずるところがある。

無論、自然の猛威を完全に克服することなどできない。しかし、自然に抗う力を持たねば生きて行くことなどできない——そう思ったとき、われわれ人類が自然と闘うための最大の武器は「土木」なのである。だからこそ、ファウストは、次のような土木事業を成し遂げんと決意する。

「不生産的な波は、その不生産的な性質をいたるところに拡げようとして忍びよる。ふくれたり、高くなったり、転《ころ》がったりして、荒涼《こうりょう》たる一帯の、見るもいやな地域《ちいき》を覆《おお》うのだ。相次《あいつ》ぐ波は、意力をはらんでそこを支配するが、引き去ったあとには、私を不安にして絶望させるようなことは何もし遂《と》げていない。抑制を知らぬ四大の無目的の力だ」

四大とは偉大なるものという意味だが、このファウストが言う「抑制を知らぬ四大の無目的の力」とはまさに、東日本大震災のあの大津波が引いた後の瓦礫に埋もれた街を眺めながらわれわれ日本人が、あの大津波に対して感じた認識そのものと言えよう。そしてファウストはこの「力」に対して、次のような言葉を発する。

「そこで私の精神は、自分の力に余ることを敢《あ》えて企てる。ここで私は戦いたい、あいつを征服したいのだ」

ファウストは知っている。人間の力で、あの大自然の猛威を征服し尽くすことなど不可能であることを――だから彼は「自分の力に余る」と口にしているのだ。しかしそれにもかかわらず果敢にも、その無理な戦いを挑もうと欲しているのである。そしてさらに彼は次のように力強い言葉を発し続ける。

「そしてそれは可能なことだ。――波はどれほど漲《みなぎ》っても、丘があれば、寄り添うようにこれを回って通りすぎる。どんなに波が傍若無人《ぼうじゃくぶじん》にあばれようと、わずかの高みも誇りかにこれに対抗してそばだち、わずかの凹《くぼ》みも力強くこれを引きつける」

これは文字通り、**土木工学における水理学や海岸工学を語る言葉**だ。

「そこで私は早速心の中でいろいろと計画をめぐらした。あの横暴《おうぼう》な海を岸からしめ出し、湿《しめ》っぽい地帯の境界をせばめ、波を遠く海の中へ追いたてる」

彼がここで考えている計画とは、水理学、海岸工学、そして、土質力学といった**土木の基礎技術に基づく海岸埋め立て、あるいは干拓という、土木事業**のことだ。

そして最後に、彼はこうした土木事業について次のように口にする。

「こういう**貴重な楽しみ**を得たいものだと。その計画を一歩一歩、私は吟味《ぎんみ》してみた。これが**私の願い**だ。思いきってやりだしてくれ」

つまり、この抗いがたい大自然の中で人類が生き延びていく領域、すなわち「国土」を確保していく土木事業は「貴重な楽しみ」であり、それを進めることこそが、あらゆる人生経験を積んだファウストが最後の最後にたどり着いた「願い」なのであった。

土木という戦いの美しさ

そして彼は、この土木事業を成し遂げるため「だけ」に、彼が仕えていた皇帝の戦いに協力し、皇帝を勝利に導き、そして、皇帝から、海岸沿いの広大な土地を譲り受けることに成功する。

ただし、彼は、この土木事業に着手する前に、灰色の女「憂愁」によって両眼を失明させられる。そして、メフィストと手下の悪魔達が墓穴を掘る音を、民衆の土木事業における「弛《たゆ》まぬ鋤《すき》鍬《くわ》」の音だと信じ込み、次のように語る。

「最後の仕事が同時に**最高の開拓事業**なのだ。おれは数百万の人々に、安全とはいえなくとも、働いて自由に住める土地をひらいてやりたいのだ。野は緑に蔽《おお》われ、肥《こ》えている。人々も家畜もすぐさま新開の土地に気持よく、大胆で勤勉な人民が盛《も》りあげたがっちりした丘のすぐそばに移住する。外側では潮《うしお》が岸壁まで荒れ狂おうとも、内部のこの地は楽園のような国なのだ。そして潮が強引《ごういん》に侵入しようとて噛《か》みついても、協同の精神によって、穴を塞《ふさ》ごうと人が駆《か》け集まる」

彼の認識はもちろん「勘違い」だ。しかし、彼の心にははっきりと、自分たちの暮らしをつくり、自由に生きていくためのインフラを整える「土木」にいそしむ人々の姿が浮かんでいる。そして彼はこう叫びつつ、息絶えたのである。

「そうだ、**おれはこの精神に一身をささげる。知恵の最後の結論はこういうことになる**、自由も生活も、日毎《ひごと》にこれを闘《たたか》い取ってこそ、これを享受《きょうじゅ》するに価《あたい》する人間といえるのだ、と。従って、ここでは子供も大人《おとな》も老人も、危険にとりまかれながら、有為《ゆうい》な年月を送るのだ。おれもそのような群衆をながめ、自由な土地に自由な民と共に住みたい。そうなったら、瞬間に向ってこう呼びかけてもよかろう、**留《と》まれ、お前はいかにも美しいと**」

つまり、ファウスト、ないしはゲーテは、**土木とは荒れ狂う自然の中で自らの生を、人々と共同で勝ち取り続ける不断の戦いなのであり、そんな土木という戦いを続ける人々の姿こそ、究極の美**なのだと断じたのである。

東洋における築土構木の思想は、聖人君子が民を救済する思想であったが、このゲーテが提示した土木の思想は、われわれ人民が共に助け合いながら共同の精神で危機と対峙し、自然と闘い続けるために、暮らしの環境をつくり維持し続けていくという思想である。

確かに人類がなし得る様々な営みやプロジェクトの中で、ここでゲーテが描いたような、自然に絶滅させられないように闘いながら、環境づくり、国づくりを進める土木という営為ほどに、偉大で、しかも、雄々しき営為は存在せぬと言えるだろう。その意味において、この世界で、最も崇高で、美しきものはやはり、ゲーテがここで描写したようなこうした土木の営為なのである。

そしてそれを表現した戯曲『ファウスト』が世界屈指の芸術作品であることを鑑みるのなら、土木は、恋愛や戦争を凌駕し、最高芸術において最も尊重され高く評価されるほどに人類にとって最も雄々しく、美しい営為なのである。

【参考文献】

＊1　中川良隆『水道が語る古代ローマ繁栄史』鹿島出版会、2009

＊2　和辻哲郎『風土』岩波文庫、1935

＊3　東京都水道局「水道事業紹介　事業概要平成29年版」、東京都水道局ホームページ、2017

＊4　塩野七生『痛快！ローマ学』集英社インターナショナル、2002

＊5　片平博文「白河法皇の怒りと歎き　歴史地理学から『天下三不如意』の深層に迫る」『立命館地理学』第25号、2013

＊6　建設省近畿地方建設局・国土地理院『近畿地方の古地理を訪ねて』、2000

＊7　仁藤敦史『都はなぜ移るのか　遷都の古代史』吉川弘文館、2011

＊8　小川博三『日本土木史概説』共立出版、1975

＊9　鍋田一「平城遷都の理由に関して」、『明治大学社会科学研究所紀要』第27巻第2号、1989

＊10　舘野和己「歴代遷宮の理由とその克服」、『古代学』第3号 pp.53-57、奈良女子大学古代学学術研究センター、2011

＊11　長尾義三『物語日本の土木史　大地を築いた男たち』鹿島出版会、1985

＊12　太田陽子、成瀬敏郎、田中眞吾、岡田篤正編『日本の地形6　近畿・中国・四国』東京大学出版会、2004

＊13　小林健太郎『近江地域研究』ナカニシヤ出版、1998

＊14　舘野和己「宮都の廃絶とその後」、『都城制研究（6）都城の廃絶とその後』pp.1-12、奈良女子大学古代学学術研究センター、2012

＊15　神吉和夫、神田徹、増味康彰、中山卓「古代都市の雨水排除計画　平安京を事例に」、『水工学論文集』第37巻、1993

＊16　森雄仁、吉越昭久「井戸遺構からみた平安時代の地下水環境と洪水　平安京域を中心に」、『立命館地理学』第17号、2005

＊17　NHK「アジア古都物語」プロジェクト編『NHKスペシャル　アジア古都物語　京都―千年の水脈』日本放送出版協会、2002

＊18　ゲーテ『ファウスト』相良守峯訳、第一部・第二部、岩波文庫、1958

第三章

歴史をつき動かした土木

第一節　ローマの道の物語

「すべての道はローマに通ず」

「すべての道はローマに通ず（All roads lead to Rome.）」、「ローマは一日してならず（Rome was not built in a day.）」。

この二つのことわざは聞き覚えがあるだろう。共通していることは、「ローマ」と「空間的広がり」と「時間軸」ではないだろうか。ことわざの底流には古代ローマにおける「土木」の営み、公共事業の神髄が脈々と息づいている。

特に、「All roads lead to Rome.」は、17世紀のフランスの詩人ラ・フォンテーヌ（１６２１―95）の書いた『寓話』（１９７２）の中の最後の一遍、「裁判官と病院長（修道士）と隠者」にある。*1 その書き出しに次のことが記されている。

「清らかに生きる三人のひと、ひとしく魂の救いにあこがれ、
同じ心に動かされ、同じ目標にむかっていた。
すべての道はローマに行く。
だから、たがいに競うこの人たちは違う細道を選ぶことができると信じた」（今野一雄訳）

冒頭の「清らかに生きる三人のひと」とは、『寓話』の標題である「裁判官と病院長と隠者」である。善悪を裁く裁判官、病を治す病院長、真理を探究する隠者の三人はそれぞれに進む道が違うにしても、行きつく先は「ひとしく魂の救い」であることに変わりない。このことをラ・フォンテーヌは「すべての道はローマに行く」と表現した。ローマ帝国の全盛時代、世界各地からの道が首都ローマに通じていたことから、転じて、どんな方法をとっても同じ目的、真理に達することのたとえとなっている。

このことわざのルーツをたどっていくと、「**アッピア街道**」に行きつく。「アッピア街道」は、前312年にはじめて建設が開始されたローマの道である。今もローマに、刻まれた轍《わだち》のあとを残す石畳の「街道の女王」をたどることができる。

ローマの国家としての始まりは紀元前753年と言われている。紀元前509年に王制から共和制となり、さらに200年後の紀元前4世紀の終わりに元老院を中心とした民主的な政治形態と訓練の行き届いた強力な軍隊によって、国家の勢力拡大に乗り出した。しかし、そのころ、ローマは当時強い軍隊を持っていたサムニウム人の攻撃を幾度となく受けた。

当時のローマ共和国の官職ナンバー2、ケンソル（戸口監察官）がアッピウス・クラウディウスであった。アッピア街道の提唱者であるアッピウスは、元老院の決議を経て、ローマから南のカンパニア地方の中心都市カプアに向かう200キロメートルの道を18カ月でつくりあげた。

アッピア街道の完成により、サムニウム人がカンパニア地方に攻め入ったときにはローマ軍が直ちに駆けつけられるようになり、サムニウム人は手も足も出なくなった。この成果により古代ローマの為政者に道の役割が広く認識され、アッピア街道を皮切りにローマの道が次々とつくられた。まさに「すべての道はローマに通ず」となり、ローマの領土をローマの道が覆うようになったとされている。*2

ローマ人にとってのインフラ

塩野七生著『ローマ人の物語』（全15巻）の第X巻「すべての道はローマに通ず」（２００１年）には、ローマ人にとってのインフラストラクチャーの概念が詳しく記されている。

『ローマ人の物語』第X巻の「物語」は、ローマ人の言語であるラテン語からインフラストラクチャーの語源を探すことから始まる。そして、塩野氏はラテン語の「モーレス・ネチェサーリエ（必要な大事業）」を探し当て、ローマ人にとってインフラストラクチャーは「人間が人間らしい生活を送るために必要な大事業」であったのだと記している。

高校の世界史の教科書から古代ローマについての記述を参照してみると、政治、行政の仕組みに関する記述が主で、インフラに関しては「アッピア街道」、「水道橋」、「石積み建築」などの技術レベルの高さの紹介にとどまっている。ローマ人が築いたインフラの物理的な側面だけをとらえ、インフラがその時代の人々の生活や経済を支える必要なものであったことまでは記されていない。

塩野氏は、優れたインフラが数多く建設されたにもかかわらず、「古代ローマのインフラストラクチャー」と題した著作が一つもない謎について次の二点を挙げている。

第一は、ローマのハードのインフラの領域が、街道、橋、港、水道、神殿、公会堂、円形コロシアム、公衆浴場などあまりに広範囲であること。

第二は、時間軸と空間軸の広がりである。ローマ街道の整備をみても紀元前3世紀から紀元後5世紀の800年間に、ヨーロッパ、中近東、北アフリカまで全ローマ世界に及ぶローマ街道網は375本、幹線だけでも8万5000キロメートルにも及んだと言われる。

このようなことから、後世の学者が「古代ローマのインフラストラクチャー」について、インフラの重要性を認識しながらもこのテーマを総合的に研究し論ずることが難しかったのだとしている。

アッピウスの偉業

「アッピア街道」は、アッピウスの時代以降も建設がすすめられ、着工から70年後にローマからアドリア海に面する港町ブリンディジを結ぶ540キロメートルの街道として完成した。その整備方法そのものが、ローマ人の統治システムのベースにもなった。

第一に、占領軍が制覇した地に軍隊を常駐させることなく、何事かあれば**首都ローマの軍隊を迅速に移動できる**ようにローマの道は堅牢で広幅員の構造とした。

第二に、アッピア街道が政治・戦略面で重要な都市や町の中央を通り抜けることで、ローマ軍の進軍だけでなく、占領地の住民も街道を利用できるようにした。これにより、占領地はそれまでの域内での「自給自足社会」から周辺地域と行き来できる「**交流型社会**」**に変貌し、市場経済へと発展**した。このことはローマが占領した地域の住民の生活水準の向上をもたらした。

第三に、「裁判官と病院長と隠者」の『寓話』にもあるように、主要な都市間を複数の街道で結んだ。この複線化によって、災害時や有事の際の**リダンダンシー（代替性）**を高めることになった。まさに、道路のネットワーク化とその機能の重要性を発見したのはローマ人と言える。

いずれにせよ、ローマはこうした三つの機能に着目し、周辺国を平定すると即座に、高機能の道路を整備していったという。塩野によればその徹底した態度があったからこそ、**平定された国々は「属国」として単に支配されるだけの地域から、「ローマ帝国の一員」となり、ローマを脅かす存在から、ローマを護る存在へと変化していった**のだという。[*3]

その結果、ローマ帝国はますます強力な帝国へと進化していき、「パクスロマーナ」と言われる、誰も達成し得なかった長期的に安定的な巨大帝国を築き上げることに成功したのである。つまり、ローマ帝国のあの強大な力の源は、「道路」によってもたらされたのである。道路があったからこそ、「ローマ以外の他所の土地の民」が、ローマ文明によって繁栄し、同化し、ローマに統合されていったのだと言える。そしてもちろん、その土地の民が持つ独自の文化もまた、道路によって首都ローマに運ばれ、ローマの文化、文明自体もさらに進化していったのだ。

アッピア街道のコンセプトは現代に通じる

ところで「アッピア街道」を祖とする「ローマの道」の道路構造は、外敵の侵入など一難あったときに、首都ローマから、全速力で馬や馬車を疾走させて、目的地に到着できるように次のような工夫がなされている。

・政略・戦略面で最重要な都市を結び、それ以外の街にはアッピア街道までの支線を建設した。
・盛土、切土、橋梁、陸橋を用い、できる限り一直線かつ平坦な道とした。
・市中、市外を問わず、馬車などがすれ違えるように車道幅を4メートルと広幅員とした。
・車道の両脇には約3メートルの歩道を設置し、歩車分離の構造とした。
・車道の建設には地面から1メートル以上掘り下げ、一層目の大きな石を敷き詰め、二層目には小石や火山灰を敷き、三層目には砂や砂利を敷き、表面には三層目の砂の層に楔を打つように厚さ30センチメートルの石を敷き詰め、堅牢で美しい石畳道とした。
・雨水の浸透を防ぐ目的から、横断面を弓形とし、街道の両脇に排水溝を設置した。
・敷石の歩道に樹木の根が侵入しないように、沿道の植樹を禁止とした。
・マイルストーンを設置し、ローマまでの距離や現在地を確認できるようにしただけでなく、道を利用する人々に種々の情報を提供した。
・街道をメンテナンスするための専門の官職を設置した。

このように、2300年以上前の紀元前312年に着工された、元祖ローマの道、アッピア街道の道路整備やその管理のコンセプトは現代にも通じる。*4

もちろん、アッピア街道以前にもイタリア半島に道がなかったわけではない。人が戦い、狩猟をし、耕作するうちに踏み固められた道はあった。しかし、ローマの道はこの自然発生的に出来上がった道とは全く違った。ローマの道は、「裁判官と病院長（修道士）と隠者」にあるように、ローマ人がその領土を広げ、これを保全することという一つの目的として計画的に建設された道である。

それまでにはなかった道路のネットワーク機能と、優れた道路構造を備えたローマの道を生み出したアッピウスの偉業は「インフラの父」の称号に値する。

そして、アッピウスは、アッピア街道以外にも水道橋など様々な公共事業を行い、ローマ帝国の繁栄の礎をつくった。今もその遺構はローマの象徴であり、そのいずれもが堅固で、機能に優れ、したがって自ずと美しい。

第二節　「大航海時代」をつくった測量技術

グローバル世界を築いた測る技術

「土木技術」の中でもとりわけ枢要な役割を担う「測量」の技術。この「測量」の技術の発展があったからこそ、その後の世界の歴史、そして世界各国の歴史に決定的な影響をもたらし、15世紀から16世紀にかけての「大航海時代」を生み出したことは、これまで看過されてきた史実である。そんな「大航海」を可能ならしめたのはいかなる測量技術だったのか、そしてその測量技術はその後の歴史にどのようなインパクトを与えたのか――本節ではそんな「測量」と「歴史」にまつわる問題に着目してみることとしよう。

15世紀から16世紀にかけて、ポルトガル・スペインを中心とするヨーロッパ諸国は、マルコ・ポーロによって伝えられた黄金国ジパングへの到達願望や、海外における金銀・香料の獲得などの東方貿易の魅力から、国家戦略として地球規模の探検的・遠洋航海が進められた。１４９２年にスペイン女王の後援でコロンブスが西インド諸島を発見し、１４９８年にはポルトガルのヴァスコ・ダ・ガマがアフリカ大陸南端まわりのインド航路を開拓し、新大陸やインド・東アジアを目指した航海が定常化されていった。その後のマゼラン一行の世界周航によって世界が丸い球体であることが実際に証明されるなど、グローバル交流圏の構築に向けた「大航海時代」が到来したのである[*5]。

そして言うまでもなく、それだけの大航海は、**羅針盤や緯度航法などを用いた**「**測量技術**」があったがゆえにはじめてもたらされたものであった。

そうした測量技術が大いに発達したのは、当時のヨーロッパを一世風靡していたルネッサンスの時代であった。

当時、世界を緯線・経線で表現した古代ギリシャのプトレマイオス的科学が再認識されるとともに、探検航海による経験的観測などによって天文学と地理学が総合化され、測地学や航海術への応用へと展開していき、併せて、何百枚単位で全く同一の地図をつくりだす印刷技術と相まって、開けゆく世界を地図という情報媒体によって確実かつ明快に普及させていくことになった。[6][7][8]さらには、二地点間の距離を光学的に求める方法として、三角測量的技法への取り組みが行われ、1533年にフリシウスが開発した三角測量を用いて1617年にスネリウスが緯度の1度の長さを求め、今日の稠密な測量ネットワークの手法が確立される基礎をつくった時でもあった。[8][9][10]

このように、この時代は単に地理上の（欧州社会にとっての）「発見」が次々となされたのみならず、天文学の持っていた数学的性格が、天体観測機器の航海や測量への使用、さらには地図製作に伴って地上の事柄に適用されるに至り、**測量技術の革新的な進展が起きた時代**だったのである。[6]

「位置」と「長さ」の基準化

このような大航海時代は、18世紀イギリスのジェームス・クックによるオーストラリア、ニュージーランドでの測量・地図作成などを行った近代的な太平洋探検航海へと引き継がれていくこととなった。それまでの外洋航海では、天文観測により精度よく測定できる緯度とは異なり、正確な経度測定をすることができなかったために、船上にあって母港やその他の場所から東にいるのか、西にいるのかが確定できなかった。海上での経度の問題が解決されない限り、航海者や地図製作者は頭を抱えるほかなく、国家が賞金を懸けて経度測定手法の開発を促すほどの重要課題となっていた。[11]

海上で経度を求めることは困難を極めたが、18世紀半ばのイギリス人ジョン・ハリソンのクロノメーター、今日でいう航海用精密時計の開発によりその問題は大きく改善され、クックの本格的な航海にはじめて用いられた。
その結果、クックは多くの地理的発見とともに、海岸線から離れたところを移動しながら行う伝統的な海洋測量技術と陸上で三角網を張り巡らす三角測量を結びつけることによって、過去のいかなる探検航海よりも、はるかに信頼しうる正確な地図をもたらした。
これまで測定が困難であった経度が簡単に、しかも正確に求められたことは、太平洋の地図の作成と精度向上に重要な役割を果たすとともに、その後、ロンドンのグリニッジ子午線を基準子午線とする経度表記が世界中で採用され、地球上の東西の位置を一つの基準で示すことのできる体系整備の契機となった。[*5*11*12]
このクロノメーターによって、陸地・海洋のどこでも正確な位置を知るために必要な三次元空間（x, y, z）の座標位置と時間（t）が、四次元情報として正確かつ明確に求められるようになり、三角測量の原理を応用した今日の全地球測位システムGPS（GNSS）による測位技術をはじめ、近現代の測量技術の原型づくりに大きく貢献した。[*12*13] クロノメーター開発から2世紀後、米国のアポロ11号で月面着陸に成功したニール・A・アームストロング船長は、ある晩餐会で「ハリソンの発明のおかげで、人類は地球を精密に探検できるようになり、地球の大部分が探検されてからは、あえて月へ旅立つための航法システムまで作れるようになった」と語っている。[*11]
また、今日の長さの基準となる重要な決定が18世紀末にフランスで行われている。大航海時代を通じて、多くの天文学者などがヨーロッパ全土に緊密なネットワークを張り巡らせ、観測や測量データを交換するにあたり共通の長さの単位が必要とされ、「北極から赤道まで、子午線弧長にあたる長さの1千万分の1」を未来の長さの共通の単位「メートル」とすることが決定された。これは、フランス人タレーランの「自然を基に決めた度量衡のみが永久不変であり、どの国家の利益をも超越していると認められ、それゆえに全世界から受け入れられ、世界中の人々が平和な通商を行い、障壁なく情報を交換することができる日の到来を早めることができるのである」との考えに基づくものであった。*10

「測る」ことと国土管理

国家がその存在を認められるためには、領域・国民・主権という、国家の三要素を適切に把握し管理できていることが必要であり、また、国家としても、自らの領域を対外的に主張することは不可欠な行為である。自らの国の領土・領海の範囲を他国に対して示すことができなければ、その範囲における権利を主張することもできないことと同義である。このため、古今東西いずれの国家においても、測量や地図作成を担う国家機関において「国土を測る」活動が行われてきている。また、土地や土地から得られる収穫物等に対して課税をする場合には、各人が管理する土地の場所や面積等を国家が明らかにしておくことが不可欠であるため、わが国でも、古くから国家による「国土を測る」活動が行われてきた。例えば、701年の大宝律令の制定以降に本格的に行われるようになった班田収授法や、1582年以降に全国規模で行われた太閤検地、明治政府により1873年から行われた地租改正などはその代表例で、現在も、営々と土地の境界を明らかにする地籍調査が進められている。*14

これらのことについて俯瞰すれば、私たちのすべての国家活動は常に「はかる」ことを求めていることがわかる。そもそも「はかる」という言葉は、時間や程度を調べて「計る」、長さ・深さなどを調べて「測る」、重さや容積を調べて「量る」といった漢字が当てられ、時間・空間・質量の次元を代表したものであり、生活空間の中では、すべての活動に「はかる」ことが装置として組み込まれていることの証しである。その結果、国土の位置・姿・形を正確に知るための「国土を測る」という活動が、全ての経済社会活動の最上流にあり、社会資本整備をはじめ国民の安全・安心、経済活動、生活において、その品質の維持・向上や発展性を決める重要なものになっている。だからこそ、私たちの身の回りには、道路、鉄道、堤防、上下水道など様々な土木施設が社会インフラとして整備され、暮らしをより安全に便利で快適なものへと常に進化させてきており、また、様々な経済活動も、これら社会インフラにより支えられ成長を続けている。すなわち、「測る」ことは国土管理の原点なのである。

そして、太古の時代も大航海時代もそして現代も、歩いて「測る」、空から「測る」、宇宙から「測る」測量は、洋の東西を問わず、変わっていない。今日では、VLBI、人工衛星、電子基準点、空中写真、UAV（ドローン）、三角点・水準点などの様々な「測る」技術が組み合わされて行われているが、旧来の技術から新しい技術に軸足を移しつつも、新旧の技術を融合させて、測地・測量・地図化などの技術の高度化・多様化・付加価値化を図ってきており、「測る」ことを全体最適の視点で取り組むことが何よりも大切であることを忘れてはならない。

第三節　信長の天下統一と土木の関係

農業土木が決した桶狭間

現代の私たちの世界はすべて「歴史」によって決定づけられている。

例えばもしも関ヶ原の戦いで小早川秀秋の裏切りがなければ石田三成が勝利し、首都は東京でなく「大阪」だったかもしれないし、オーストリア＝ハンガリーの皇太子を暗殺したボスニアの青年の一発の銃弾が存在していなければ、第一次世界大戦は起こっておらず、今の世界の情勢は全く違っていたかもしれない。

ただしそんな歴史の節目節目の様々な事件には、必ずと言ってよいほど地勢、地形に手を加える「土木」が直接間接に大きく関わり続けてきた。つまり歴史は、それが紡がれる地形や地勢に決定的な影響を受けざるを得ないのであり、したがって、その地形や地勢に影響を及ぼす「土木」の営為は、歴史に巨大な影響を与えざるを得ないのである。

そんな「**土木が歴史をつき動かしてきた**」という数限りなくある事例の一つが、日本史において重大な意味を持つ織田信長による「天下統一」に向けた大躍進であった。すなわちほとんど誰にも語られることのない歴史的事実であるが、戦国時代の終焉を導く契機を与えた織田信長の躍進は、「土木」による巨大な決定的影響を受けつつ展開したものだったのである。

信長に関わる史実の中でもとりわけ有名なのが「桶狭間の戦い」だが、まずは、この戦いに着目してみよう。

この戦いは圧倒的に兵力に勝る今川義元を、それに劣る織田信長が秀逸な戦術を通して打ち破ったものとして世に知られている。

しかし、そうした世間的イメージは、後の様々な作家による「創作」的要素が色濃くあり、歴史的な資料における諸記述からは大きく隔たったものであることが知られている。[*15] 実際、豊臣秀吉が後に行った「太閤検地」の記録に基づけば、検地時点での今川家の領地の石高は約69・5万石に対して、織田家の領地であった尾張は57万石と、織田家が今川家に比して大きくひけをとっていたとは決して言えない状況であったとも指摘されている。一方で戦国大名の「兵力」はもちろん、「石高」によって決定づけられていることを考えると、総兵力において織田家と今川家の間に圧倒的格差があったとも考えがたい。

「石高」はそれぞれの地でどれだけの「農業投資」を積み重ねてきたのかに直接的に依存している。農業投資とはつまり農業「土木」だ。農業用水を引くという「土木」、開拓という「土木」の営為があってはじめて、農民が働き、石高を上げることが可能となる。

そして尾張は面積が狭い割に高い石高を上げていたという史実に着目すれば、**織田家が主導的に展開した農業土木の取り組みによって、尾張における農業生産性が顕著に高まっていた**という様相が浮かび上がる。

ところがその一方で、今川氏は、農業土木に対して必ずしも積極的でなかった。[*16][*17][*18] 結果、単位面積あたりの農業生産性は尾張よりも低く、織田氏と今川氏との間の武将達は、今川氏ではなく織田氏に味方せざるを得ない状況が存在していたことも指摘されている[*17]。

つまり今風に言うなら、今川氏と織田氏との間には経済力（石高）についてはさして大きな格差は存在していないどころかむしろ、少なくとも農業生産性の視点から言うなら**農業土木について積極的であった織田氏の方がより優れていた状況にあった**のである。言うまでもなく、「富国強兵」の構図（経済力が向上すれば、軍事力も向上する、という構図）は古今東西において真理であり続けている以上、トータルの軍事力において織田氏が今川氏に比して圧倒的に小さい状況にあったとは考えがたい。こうした点を踏まえるなら、農業土木においてより積極的であった織田信長が勝利したのは決して奇跡的なことではなかったと言うこともできよう。つまり**農業土木への態度が、織田と今川の間の戦の勝敗を左右する重大な要因だった**と言いうるのである。

天下統一を支えた道路政策

桶狭間の戦い以降、織田信長は姉川の戦いや長篠の戦い、甲州征伐と破竹の勢いで天下統一の階段を駆け上っていった。

無論、それだけの戦を戦い抜くためには兵力が必要であり、その兵力を支える経済力が必要不可欠であった。そしてそんな信長の経済力を支えた基盤こそ、先に触れた織田家の土木を通して農業生産性が向上した尾張の大地であったのだが、それとは異なるもう一つの重要な要素があった。

それが**信長によって徹底的に進められた「道路」についての土木政策**であった。

当時、各武将にとってどういう道路を整備するかは、戦国の乱世を生き延びるにあたっては枢要な課題であった。

当時の戦国時代の武将は、他国から一気に攻め込まれてしまうことを警戒して道を狭く、曲がりくねった状態に整備することが一般的だった。[*19] しかしそれではこちらが他国に攻め入る時にはかえって「足かせ」となってしまうというデメリットもあった。こうした問題を乗り越えるために、例えば武田信玄は、「安全な領域」に限ってはまっすぐな道路を「軍用道路」として整備していった。

ただし、こうした「軍用」の道路は、決して日常の経済活動を支えることを主目的につくられたものではなかった。そもそもそれは敵国に迅速に到達するための道路であるため、その構造は基本的に「街と街をつなぐ線道路（あるいは放射状構造）」であり、「街や地域の経済を支える蜘蛛の巣状のネットワーク」ではなかった。

そんな中、**信長は道路を「経済活動を支えるための都市地域インフラ」として整備するという、戦国の世では誰も思いつかなかった大きな発想の転換を図り、道路ネットワークを整備していった**のである。[*17]

信長はまず、道路に「街道・脇道・在所道」の三つのランクを設け、それぞれの「道路規格」を統一して、平定した領地に「計画的」に整備していった。[*17*19*20] その規格とは、街道は約6・5メートル、脇道は約4・5メートル、在所道は約2メートルの幅員とするというものであり、現代風に言うならそれぞれ、「国道・都道府県道・市町村道」に対応するものだとも指摘されている。[*17]

しかもそれらは、基本的に放射状に整備された「街道」の合間合間に脇道、在所道を縦横に張り巡らしていくことで「蜘蛛の巣状[*17]」に形成されていった。そしてその道路の「ネットワーク」が形成されたことで、「商人達の往来が増え、商品流通が活発」となっていったのである。[*19]なお、こうした道路政策を全国展開していったことが、その後の前期江戸時代における経済成長の礎となったことは言うまでもない。

さらに信長は、「物流コストを引き下げ」、それを通して、さらに商業を活性化していくことを企図して、街道においては当時の常識であった「関所」を次々と廃止していった。[*19]

当時の関所は荘園領主が「カネ儲け」のために通行者から銭を徴収するというシステムだったのだが、これが、自由な物流を阻害し、物流の停滞、ひいては経済の停滞を導く重要な原因となっていた。この問題に信長は着目し、経済活性化のために関所を廃止していった。だからそれは現代風に言うなら、高速道路の料金の値下げや無料化を通して、道路インフラを「有効活用」していこうという「土木」の取り組みと全く同趣旨の取り組みだったのである。

信長による政府主導の成長戦略

織田信長というと、とかく「改革者」のイメージが強く、古い規制を取っ払って「楽市楽座」という新しい自由市場を設置するなどして、**「民間主導」の経済成長を果たした「小さな政府論者」のイメージ**が強い。しかし、歴史的な資料から浮かび上がる信長の真実の姿は、公益を最大

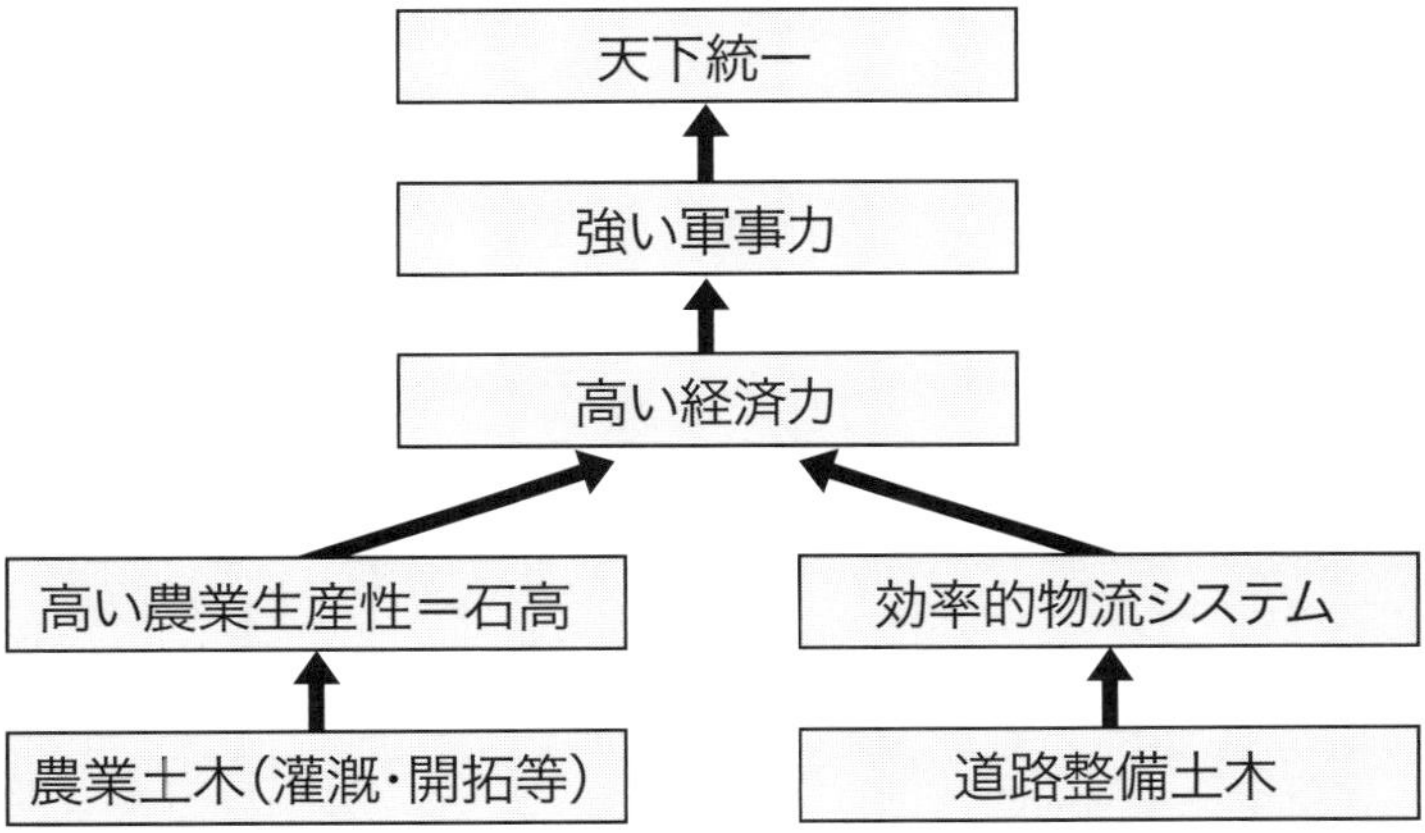

図3－1　織田信長の「天下統一」に向けた躍進を導いた土木の力

化するために民間の活動に規制を加え、「**政府主導」の経済成長を果たした、「大きな政府論者」だった**のである。[*16] すなわち、図3―1に示したように、「政府」（領主）の力で農業土木で経済生産性を向上させ、道路整備という公共投資を通して交通インフラを「政府」（領主）の力で強化すると同時に、関所という民間活動を、公益を毀損するものとして「規制」し、それらを通して「政府主導」で経済成長を果たしていったのである。

もしも信長が、例えば今川義元のように土木の力を信頼せず、農業や道路のインフラの整備や運用を軽視する武将であったなら、天下統一などほぼ間違いなく不可能であったのだろう。農業土木が蔑ろにされていれば石高は上がらず、結果的に兵力を増強できず、今川氏をはじめとした周辺の武将に瞬く間に滅ぼされてしまったに違いない。あるいは、道路の整備や運用を蔑ろにしていれば、領内の経済は活性化せず、天下統一へと歩を進める経済力を身につけることもできなかったに違いない。
すなわち、**「土木の力」こそが、信長から秀吉へと引き継がれた天下統一の流れを強力に推進させた**のであり、それを通して日本の歴史が急転直下、大きく展開していくこととなったのである。

第四節　幕府を倒した物流システム

日本初の全国物流ネットワーク

わが国で全国レベルでの物流システムが確立されたのは江戸時代であった。**当時の物流は「船」を使った「舟運」**。当時、廻船航路の開発や河川舟運のための河川改修などが進められ、本格的な輸送体系が整えられたのであった。[*21]

東北や近畿、関東などの間の、インターブロック物流は主に海運が担い、ブロック内物流は臨海部相互では海運が、内陸部と臨海部については主に河川舟運が担った。この海運と河川舟運は、個別にみれば江戸時代に先立ち室町時代にもその萌芽が見られるが、それらが有機的に結びつき全国ネットワークの物流システムとして確立したのは、江戸時代だった。戦国時代を経て全国が統一され、また鎖国による国際海運の衰退を背景とした民間海運事業者の国内海運への参画が促されたことで、全国レベルの舟運システムが形成されたのである。

言うまでもなく、海運においても河川舟運においても、その成立に土木の力は不可欠だ。

そもそも、酒田が最上川の、大坂が淀川のそれぞれ河口周辺に開けたように、当時のインターブロック物流の拠点としての港は、そのほとんどが河口港であった。そして河口港はその宿命として、上流から運ばれてくる土砂や海流による海砂が堆積し、そのまま放置しておけば船が出入りできなくなってしまう。だからそれらの港では一定の水深を確保するための（水底の土砂や岩石をさらう）「浚渫《しゅんせつ》」という土木が不可欠だったのである。

またブロック内物流についても、最上川舟運の例にみるように、下り船では米沢、新庄、庄内平野で産出される紅花や米を河口の酒田へ運び、上り船では酒田で仕入れた海産物や生活必需品（衣服、紙など）を新庄、米沢に運ぶ水路を確保するため、河床の岩石を切り開くなどして難所を解消する土木の努力は戦国時代から続けられていた。[*22] また洪水があればもちろん、土砂を除去するなどの土木事業も必要となった。

さらに河口港でも内陸の河川港でも、規模の大小はあれ、雁木《がんぎ》を施した船着場や繋留《けいりゅう》施設、貯蔵施設（蔵）など、いわば都市計画に沿った港湾施設の整備も必要である。

つまり、**江戸時代の全国物流ネットワークは港湾、河川、都市計画などの土木事業の展開があって、はじめて確立しえた**のである。

ところで1672年、幕府から出羽国の幕領米を江戸へ輸送するよう命じられた河村瑞賢《ずいけん》は、津軽海峡や千葉房総沖の難所を避けるため、酒田から日本海沿いに能登、温泉津《ゆのつ》等を経て下関まで西進し、そこから瀬戸内海に入り大坂まで東進。さらに大坂からは紀伊半島を回り、伊豆下田を経て江戸に至る航路（**西廻り航路**）を設定した。

それまで加賀藩など日本海側で産出された米は主に敦賀から陸揚げされたのち、琵琶湖の舟運を経て再び陸揚げされ、陸送または淀川等の舟運により大坂まで届けられた。この時代の陸上物流は大八車や荷駄を主体とし極めて非効率だったことに加え、繰り返される荷下しや船積みに係る手間や費用、荷痛み等は物流効率を著しく損ねていた。西廻り航路は、これらの既存物流システムの課題を解消しインターブロックの物流効率を大きく向上させた。その結果、日本海側諸都市と瀬戸内、大坂、江戸の間の物流がさらに活性化していくこととなった。

さらにこの航路を活かした**北前船**（写真2参照）は、買積み廻船（預かった荷を単に運送するのではなく、船主自体が寄港地で商品を売買する）という、「海の総合商社[23]」のようなシステムも相まって、**大坂をはじめ本州各地と蝦夷地との物流を飛躍的に拡大させた。**例えば蝦夷地で船積みされた昆布や鰊粕《にしんかす》などの魚肥は、大坂はもとより本州各地で重宝され船主に莫大な富をもたらした。

このようにして、全国物流ネットワークとその申し子のような北前船に代表される流通システムは、全国の集配荷拠点としての大坂、巨大な消費拠点としての江戸を大きく発展させるとともに、当時すでに生まれていた**流通や金融の機構、またそのプレーヤーである豪商を、幕府の為政そのものさえ左右するほど巨大化させる**とともに、幕府と薩長両藩との関係にみるように**幕藩体制そのものを揺るがす一大要因ともなった**のである。

倒幕のモチベーションを支えたもの

幕末期には、参勤交代や幕府から命じられる手伝普請に伴う出費、米価の下落傾向による実収入の減少、飢饉の発生などにより、ほとんどの藩が財政難に陥っていた。藩によっては、国許《くにもと》での自然災害や江戸藩邸の火災消失により財政逼迫《ひっぱく》がさらに深刻化した例もある。

　幕末に倒幕を果たす中心的役割を担った薩摩藩、長州藩もまた、厳しい財政難に苦しんでいた。しかし両藩が軍備を整え、討幕をリードする財政力を持つに至ったのは、薩摩藩においては調所《ずしょ》広郷《ひろさと》、長州藩においては村田清風という、腕力と知恵を備えた家老を擁し、藩政改革に成功したからである。彼らは幕府から命ぜられる手伝普請等によって莫大な規模に膨れ上がっていた借金について、棒引きの強行や新たな課税の仕組みの導入などによって整理する一方、**西廻り航路における物流システムを活用し巨額の利益を得た**ことで大きな力を蓄えていったのである。

写真２　復元された北前型弁才船「みちのく丸」（青森県野辺地町役場提供）

　薩摩藩についてはまず、富山の薬売りで薩摩との取引のあった能登屋などに低利融資をして北前船の造船を支援した。そして北前船で蝦夷地から薩摩へ大量に運ばれてきた昆布を、琉球を通じて清国に向けて輸出し、清国からは漢方薬種を手に入れた。当時中国では、昆布の栄養分が甲状腺の風土病によく効くこともあって不老不死の薬として珍重されていたことから大きな利益を上げ、藩財政を大きく立て直したのである。[*24]

一方、長州藩もまた幕末、財政の行き詰まりに苦しんでいたが、新たな課税をする一方、西廻り航路や北前船にとって要衝である下関のアドバンテージに着目し、藩が運営する倉庫業兼貸金業の「越荷方《こしにかた》」を設置した。これはすなわち、西廻り航路・北前船は下関経由で大坂に積荷を運ぶが、下関で大坂相場を見て換金高の高い積荷を大坂に運び、低い積荷は下関の倉庫に一時的に保管して相場が高くなったところで大坂に販売するしくみであり、そのための倉庫業や積荷の委託販売、積荷を抵当とした運転資金の貸付けなどを行った。[*25] そしてこの越荷方を通して、長州藩は莫大な利益を得たのである。これによって藩財政再建は成功し、収益金は幕末京都での政治工作資金や軍費、戊辰戦争の戦費にも充てられることとなった。

このように、**舟運関連の各種土木が実現させた西廻り航路や北前船の隆盛こそが、長く苦しんだ薩摩や長州の財政を再生させ、「倒幕」を実現できるほどの力を蓄えさせた**のである。

豪商が徳川政権のとどめを刺した

前述のとおり、全国物流ネットワークが育てた豪商たちの財力は極めて大きくなり、江戸時代終期に至ると大名貸しといわれる諸藩への貸金総額も巨額に膨らんだ。[*26]

そんな中で藩側からの一方的な踏み倒しや、幕府から親藩への強制的な貸付命令が出されることもあるなど、豪商たちと幕府、諸藩との関係は緊張を要するものとなっていた。江戸随一の豪商、三井に対する御用金（江戸末期には実質的に上納金化していた）の割当も膨大で、三井の経営基盤にとって脅威にすらなろうとしていた。

一方、1858年の日米修好通商条約の調印を契機として、朝廷と幕府との間の緊張もまた高まることとなったが、したたかな豪商たちはその成り行きを慎重に見極めていた。例えば三井は、1865年には薩摩藩の鋳造した地方貨幣である琉球通宝の引替御用を引き受けるなど、勤皇派との接触を開始する一方、同じ頃に江戸では勘定奉行の小栗上野介とつながるなど、いわゆる「二股」をかけていた。

しかし大政奉還（1867年10月）を経て、いよいよ薩長連合が本格的に倒幕に乗り出そうとする際に、勤皇派から発信された新政府成立後の特権付与を条件とした資金援助の呼びかけに対し三井、島田、小野の3豪商がこれに応じ、**新政府が設置した金穀出納所（後の大蔵省）の命を受けて官軍を支える資金を献納した**。[*27]

鳥羽・伏見の戦いで勝利した後の再度の呼びかけには、京都、大坂の多くの大商人がこれに応じ、箱館（函館）での勝利で戊辰戦争が終結するまでの間、すなわち**倒幕が成就するまでの間、官軍を支えることとなった**。

このように見れば、江戸幕府はその時代の土木事業を背景とする全国物流システムによって息を吹き返した薩長と、同システムから生み出され、その後巨大化した豪商たちによって、自らのとどめを刺されたのである。まさに、**江戸時代の土木の営みこそが日本を経済国家として育んだ**

にとどまらず、明治という新たな時代を切り開く原動力となったのである。

第五節　アメリカの歴史を変えたニューディール政策

世界恐慌と公共事業

土木に関心をお持ちの方は誰でもフランクリン・D・ルーズベルト（第32代アメリカ合衆国大統領。在職／1933年3月4日―1945年4月12日）によるニューディール政策をご存じであろう。世界経済恐慌からの脱出を実現した経済政策として有名である。

過熱気味であった世界経済は1929年10月のアメリカ株式の大暴落を契機に一気に縮退に入り、世界的な経済大恐慌をもたらす。当時のフーバー大統領の均衡財政や自由放任という古典経済主義的政策ではこの未曾有の事態に対応できず状況は悪化し続け、1933年にアメリカ国内では失業率25％、失業者数は1500万人を超え、工業生産額は恐慌前の半分となっていた。

ルーズベルトは修正資本主義に基づいたニューディール政策を公約に掲げ、1932年の大統領選挙に勝利し、1933年3月4日の就任式当日から活発に施策を展開する。ニューディール政策の中心となったものが大規模な公共事業であり、土木事業である。土木事業がアメリカを、世界を大恐慌から救ったとも言えよう。

ニューディール政策の実施は迅速であった。根幹をなす政策のための法律は、1933年だけでもテネシー川流域開発公社法（Tennessee Valley Authority：ＴＶＡ）、農業調整法（Agricultural Adjustment Act：ＡＡＡ）などが成立し、そしてさらには市民保全部隊（Civilian Conservation Corps：ＣＣＣ）ができた。さらに、公共事業の効果的効率的遂行と失業者の大量雇用のために公共事業促進局（Works Progress Administration：ＷＰＡ）が１９３５年に設置された。

まず、ニューディールの圧倒的な事業量から概観しよう。１９３３年から１９４２年までに65万マイルの道路（約１００万キロメートル。ちなみに日本の道路の総延長は現在１２８万キロメートル）、12・５万棟の公共建築物、７００マイルの滑走路（３０００メートル滑走路に換算すると３７５本分。ちなみに、日本の空港数は97で、３０００メートル以上の滑走路を有するのは18空港のみ）であり、８５０万人分の雇用を生み出した。アメリカとわが国の国土の大きさの差を考え合わせても、大胆で大規模な事業量であったことがわかる。

政府が積極財政を展開することによって経済を刺激し、不況から脱出するといういわゆる景気刺激（公共事業のフロー効果）もさることながら、このように**大規模かつ大量に建設された社会資本が本格的に機能を発揮しアメリカ経済の成長に長く貢献するというストック効果をもたらし続けている**。以降に述べるニューディールのストック効果である。

ニューディールのストック効果

ニューディール施策の中でもわが国において特に著名なものはＴＶＡであろう。[*28] １９３３年５月のＴＶＡ法への署名によって制度基盤が構築され、大恐慌の影響を大きく受けていたテネシー川流域への大規模総合開発計画の策定・実施が始まった。ダム建設だけでなく、流域の産業開発や住民生活に関する多様な施策が実施され、流域を大きく変貌させた。

その後もＴＶＡは新たな法律の下での電力事業者として活動を続け今や年間１５８０億ｋＷｈの電力を販売する巨大な会社となっていて（ちなみに、日本で最大の電力会社である東京電力の販売電力量は２５００億ｋＷｈ）、設置後85年を経過しようとしている現在も、流域の環境保全を活発に行うとともに、電力供給は地域の産業基盤として欠かせないものになっている[*29]（ＴＶＡホームページ参照）。

また、シーニックバイウェイというストック効果もある。景色の良い（scenic）わき道より道（highwayの隣にあるbyway）について、地域コミュニティが主体になり、行政と連携しながら観光資源の再発見、磨き上げと旅行環境の整備を行う。そうすることで、地域への愛着や誇りを育てるとともに、訪れる人にも喜んでもらい、観光消費を地域経済の活性化にもつなげようという活動がシーニックバイウェイである。アメリカに多く存在するが、その中にはニューディール政策によって整備されたルートが少なからずある。

もっとも有名なものが、米国東海岸のシェナンドー国立公園内の延長約７５０キロメートルにわたるBlue Ridge Parkway（ＢＲＰ）である[*30][*31]。この道路は１９３５年に整備されたが、沿道は全く土地利用されていない国立公園内の山中であり、混雑した道路はおろか、そもそも自動車交通が存在しない。

現在の日本においては道路事業の採択には費用便益比が重用されていて、混雑解消、走行費用軽減、交通事故減少などから構成される社会的便益が道路整備費用を上まわることが確実でないと整備が決定されることはない。このＢＲＰは何もない山中に道路整備をするのであるから日本的費用便益比は限りなくゼロに近い数値であって、残念ながら日本では事業決定されることはない。

またＢＲＰの決定時には公共事業としてのフロー効果だけではなく、当時のバージニア州知事により「美しい景色は、バージニアの次の大きな収入源となるだろう」と表明され、観光への貢献というストック効果が明確に意識されていたことも驚きである。このことは設計と建設にあたり主任景観技師を置き、国立公園内の景観やドライブ環境に最大限の配慮を行っていることからも確認できる。ＢＲＰは年間２０００万人の訪問者と22億ドルの観光消費という大きなストック効果を80年後の今も発揮している。これに類するニューディール道路は多数存在する。わが国で展開されている日本風景街道や観光地域づくりでぜひ見習いたい。

ルーズベルトのリーダーシップ

道路建設のみならず膨大な土木事業に貢献したのが市民保全部隊（ＣＣＣ）である。[*32][*33] 大統領就任式当日にルーズベルト大統領の下に陸軍、農務省、内務省、議会予算局、労働省の担当者が招集され、ＣＣＣの制度設計と速やかな実施が要請された。

ＣＣＣは１９３３年当時に５００万人を超えていた若年失業者の救済と教育を目的とする施策であり、ニューディール事業の近辺にキャンプを設営し、そこで規則正しい生活を身につけさせるとともに基礎教育と職業教育を行い訓練されたアメリカ人をつくる、給料も支給しセーフティネットとする、隊員の力をニューディール公共事業に活用するといった意欲的な取り組みである。

驚嘆すべきはその実現スピードであり、3月21日には議会へ予算要求し、4月7日には最初の隊員が入隊している。最大時で全米に4000を超えるキャンプが設営され、50万人を超える隊員が訓練を受けていた。訓練内容は、読み書きそろばんなどの基礎教育、自然環境保護と国土緑化の意義、測量・建設機械の操縦、自動車整備、無線技術から調理までという多様な職業教育であった。ただ、現在とは男女参画の考え方が全く異なり隊員はすべて男性であった。そしてCCCで訓練された若者が第二次世界大戦において大活躍する。第二次世界大戦はCCCが勝ったと言われる所以である。*34

F・D・ルーズベルト大統領は日本と浅からぬ因縁を持った大統領である。従兄のセオドア・ルーズベルト大統領は日露戦争終結に向けてポーツマス講和会議を主導した。F・ルーズベルト自身に対して日本人は、第二次世界大戦の宣戦布告、日系移民だけを強制収容所に差別的に収容したこと、広島・長崎に投下された原子爆弾を開発したマンハッタン計画の強力な推進者であったこと、CCCによるアメリカ軍の強化が直接的ではないけれど日本の敗戦にもつながっていることなどから、少し微妙で複雑な感情もある。

しかし、これまでわが国で強調されてきた公共事業の景気刺激効果というフロー効果だけでなく、ストック効果も見据えた政策と事業構成の発想・展開、大規模で大胆なそして迅速な実施という実行力、そして国民から広く強く支持された対話力・リーダーシップには見習うべき点が多々ある。
　わが国も戦後の成長期には公共事業と経済成長がうまくかみ合い、国民の安全で豊かな生活、国際競争力の強化が進展した高度成長期があった。高度成長期の成長モデル、公共事業の役割モデルを現状況でまるまるそのまま適用することは難しいとしても、当時の公共事業の長期のストック効果、**国民生活を変え、産業構造と配置を変え、人口分布も変えたストック効果**をしっかり把握し、共有することはこれからの土木学の在り方を考える上で重要である。

【参考文献】

＊1　ラ・フォンテーヌ『寓話（下）』今野一雄訳、岩波文庫、1972
＊2　藤原武『ローマの道の物語』原書房、1985
＊3　塩野七生『ローマ人の物語X　すべての道はローマに通ず』新潮社、2001
＊4　戸谷有一「ネットワークの効用を見出したローマ人」、『国際交通安全学会誌』Vol.30、No.1、2005
＊5　織田武雄『地図の歴史』講談社、1973
＊6　山本義隆『一六世紀文化革命2』みすず書房、2007
＊7　山本義隆『世界の見方の転換』（全3巻）みすず書房、2014
＊8　吉澤孝和「量地指南に見る江戸時代中期の測量術」建設省中部地方建設局天竜川上流工事事務所、1990
＊9　石原あえか『科学する詩人ゲーテ』慶應義塾大学出版会、2010
＊10　石原あえか『近代測量史への旅』法政大学出版局、2015
＊11　ジョン・ノーブル・ウィルフォード『地図を作った人びと』鈴木主税訳、河出書房新社、

１９８８
＊12 山岡光治『地図の科学』ＳＢクリエイティブ、２０１０
＊13 サイモン・ガーフィールド『オン・ザ・マップ　地図と人類の物語』黒川由美訳、太田出版、２０１４
＊14 国土交通省国土地理院「国土を測り、未来を描く　測量・地図の『力』と『可能性』を伝える」／「国土を測る」意義と役割を考える懇話会、２０１７
＊15 藤本正行『信長の戦争「信長公記」に見る戦国軍事学』講談社学術文庫、２００３
＊16 楠乃小玉『織田信長と岩室長門寺』青心社、２０１６
＊17 小和田哲男『戦国の合戦』学研新書、２００８
＊18 有光友學『戦国大名今川氏の研究』吉川弘文館、２０１３
＊19 小和田哲男「織田信長と戦国時代　信長の革新性・七つのキーポイント」歴史群像デジタルアーカイブス、学研プラス、２０１４
＊20 小和田哲男「信長の日本列島改造計画」、『歴史と人物』、１９８１
＊21 苫瀬博仁「江戸期における物流システム構築と都市の発展衰退」、『海事交通研究』56号、山県記念財団、２００７
＊22 谷弘『千石船の湊を訪ねて』芸立出版、２０１１
＊23 加藤貞仁『海の総合商社北前船』無明舎出版、２００３
＊24 塩照夫『昆布を運んだ北前船　昆布食文化と薬売りのロマン』北國新聞社、１９９３
＊25 平池久義「長州藩における撫育制度について　組織論における革新の視点から」、『下関市立大学論集』43巻1号、下関市立大学学会、１９９９
＊26 若林喜三郎「明治初年における藩債処分と大阪商人」、『ヒストリア』96号、大阪歴史学会編、１９８２
＊27 福田智弘『豪商たちがつくった幕末・維新』彩図社、２０１６
＊28 Ｄ・Ｅ・リリエンソール『ＴＶＡ 総合開発の歴史的実験』和田小六ほか訳、岩波書店、１９７９
＊29 ＴＶＡ ホームページ　https://www.tva.gov/About-TVA

＊30 Engle, R. L., The Greatest Single Feature.... A Sky-Line Drive, Shenandoah National Park Association, 2006.

＊31 Hall, K. J., and FRIENDS of the Blue Ridge Parkway, Inc., Building the Blue Ridge Parkway, Arcadia Publishing, 2007.

＊32 Cohen, Stan: The Tree Army : A Pictorial History of the Civilian Conservation Corps, 1933-1942, 1980.

＊33 Brown, R. C. and D. A. Smith, New Deal Days; The CCC at Mesa Verde, Durango Herald Small Press, 2006.

＊34 Henderson, H. L. and D. B. Woolner(Eds.), FDR and the Environment, Palgrave Macmillan, 2005.

第四章

まちを救い、人々を救った土木

第一節　「利他行」としての土木

わが国の土木は利他行

わが国における「土木」は、明治期に編纂されたいくつかの辞書に明記されている通り、中国の哲学書「淮南子」に描写された「築土構木の思想」を持つものとして認識されてきた（本書第一章第二節を改めて参照されたい）。すなわち、困っている民を救済するためにインフラを整える――これこそ、築土構木、「土木の思想」として認識されてきた。

ただしこの認識は、必ずしも明治期以降の近代において成立したものではなく、日本の「古代」から引き継がれてきた、至って日本的、伝統的な認識である。その典型例が、飛鳥時代、奈良時代の僧侶たちの「利他行」としての土木だ。「利他行」というものは、仏教において自らの悟りを追求するばかりではなく、人のために己を滅してつくす仏の道であり、土木とはそうした修行の一環として認識されていたのである。[*1]

そもそも仏教では「五明《ごみよう》」という概念がある。これは、仏教哲学や医術、言語学、論理学などの通暁することが理想とされる五つの基本的教養、知識である。そしてこの五つの基礎教養の中に「工巧明《くぎようみよう》」があり、これが土木を含めた工学知識であった。つまり、仏教における「利他行」の一つとして、土木が位置づけられ、その技術的知識は、僧侶が収めるべき基礎教養の一つに挙げられていた。*1

「菩薩」と呼ばれた行基

その草分け的存在が、653年に唐へ渡った道昭《どうしょう》（629〜700年）であった。彼は「西遊記」の実在のモデルとされた三蔵法師玄奘《げんじょう》から大乗仏教の利他行を学んだとされている。そして帰国後、井戸を掘り、宇治橋や山崎橋をかけたという。

そしてこの道昭に師事していた行基《ぎょうき》（668〜749年）が、数多くの土木事業を「利他行」として手掛け、後に「菩薩」と呼ばれるほどの最高の栄誉を得る重大な功績を残している。

奈良時代、律令制の下で人々は「調庸」といった租税の重さゆえに飢えや病に苦しみ、調庸運脚夫の中には途中で行き倒れる者が多数いたという。そのため、行基はまず「布施屋」と呼ばれる福祉施設を建て、食事や宿泊を提供し民衆の救済を図った。そしてその傍らで豪族からの資本提供のもと、農業用の池や溝を掘り、道を拓き、橋を架けるなど、民衆を率いて土木事業を進めていった。その数、池や溝、堀が合計25カ所、橋が6本、港が2カ所であった。*2

こうした活動により、行基の教えに従う民衆は日増しに増加し、豪族の土地も潤ったという。さらには723年の「三世一身法」によって、土地を開墾した場合に一定期間の「私有」が認められたことで、さらに自発的な開墾が促されていった。結果、行基のこうした「土木」の活動はさらに広まり、その名声もさらに高まり、最終的には朝廷もこれを認めるところとなっていったという。

そんな中、天然痘の大流行や飢饉等で社会不安が高まった折、時の天皇であった聖武天皇は国家の安定を願い、743年に「大仏」をつくることを決定。この大事業の責任者に行基を起用するに至った。それは莫大な費用を調達し、多くの人夫を集めて行う一大公共事業を担えるのは、行基をおいて他にはいないと判断されたためであった。その2年後、行基は聖武天皇によってわが国最初の「大僧正」に任じられ、さらには後世の人々に「行基菩薩」と呼ばれるに至ったのである。*3

空海による「満濃池」大改修事業

行基が行った土木事業の多くは、河内や和泉、摂津、山背（山城）などの、今でいう大阪や京都で行われたが、もちろん、土木は日本各地で求められていた。

その代表的なものの一つが、讃岐地方、今日の香川県にある、日本最大の灌漑用ため池である「**満濃池**」だ。

かの地は瀬戸内の気候ゆえに雨が少なく、ため池がなければ農作を安定的に行うことができない地であった。ついては奈良時代の初期には、地域の農作のために大きなため池として満濃池がつくられたのであった。

しかし、ひとたび大雨が降ると決壊し、平時においては農作を可能とする豊富な水量は、地域を破壊する恐ろしい「凶器」へと変貌し、地域破壊が繰り返されていた。

そんな事態を重く見た朝廷は満濃池の復旧に着手するも、技術的困難と人手不足によって改修がままならなかったという。困り果てた朝廷が白羽の矢を立てたのが、僧侶「空海」であった。空海は弘法大師ともいわれる真言宗を打ち立てた高僧であり、唐に留学し、最新の仏教と「土木技術」を学んできたところであった。空海が郷土入りをすると人々は続々と集まり人手不足は解消し、唐で学んだ土木学を活かして、わずか3カ月足らずで修復を終え、大池を完成させたという。[*4]

わが国においては「土木」は確かに、単に技術的にものをつくる行為なのではなく、生きとし生きるものを救う「衆生救済」のためのものであり、古より最高の栄誉を与えられる利他行だったのである。

そしてその利他行のおかげで、京都や大阪、香川といったそれぞれの地を含めた全国各地で、人々は安寧の内に生きていく糧を得ることが可能となり、国家の繁栄と安泰が導かれることとなった。昔も今も土木は、「利他」の精神の下、歴史をつくり、社会をつくり、文化をつくり、支え続けてきたのである。

第二節　浜口梧陵と「稲むらの火」

命を救った「稲むらの火」

和歌山県に今、「広川」という小さな町がある。江戸時代以前から引き継がれてきた農業や漁業を生業とする人々が暮らし続けている町だが、今、この村があるのは、浜口梧陵という一人のこの地の名士による、勇気と決断に満ちた「土木」の取り組みがあったからであった。つまり浜口梧陵が果敢に取り組んだ「土木」の取り組みがなければ、この小さな町は、現代の地図からはなくなっていたことすらあり得たのであった。

それは、「稲むらの火」の物語として、広川や和歌山の人々はもちろんのこと、日本のみならず世界中で今、「**津波**」に立ち向かうべく努力を重ねる全ての現代人の心に深く刻み込まれるものとなっている。[*5]

広川町はむかし、「広村」と呼ばれる、海岸沿いの村だった。

その広村である日、あたりが暗がりになり始めた夕暮れ時、とてつもなく巨大な地震が起こった。嘉永7年（1854年）の11月5日、のちに「安政南海地震」とよばれる巨大地震だ。それは2011年の東日本大震災と同様、巨大な津波を伴う海洋型の大地震だった。

その時、広村にいた浜口梧陵は、地震直後に大津波がやってくることを察知、このままでは大勢の村人達が津波にのみ込まれて死んでしまうに違いないと確信する。

そこで浜口梧陵は、そんな村人達を津波から救い出すためにどうすればよいのかと考えを巡らせ、咄嗟に丘の上に保存してあった「稲むら」に火を付けることを思い立つ。稲むらが丘の上で燃えれば、津波から逃げようとする村人達が皆、その火を目指して丘にやってくるのではないか――彼はそう考えたのだった。稲むらとは、その年の秋に収穫した稲の束であり、まさに村人達の食料であり、市場に販売する商品そのものだったのだが――村人達の命を救うにはそんなことは言っていられない。浜口梧陵は、稲むらに一気に火をつけていった。

浜口梧陵のアイデアはまさに的中。多くの村人達がその「稲むらの火」めがけて丘を駆け上った。

そして多くの村人達が丘の上にたどり着いた直後、巨大な津波が広村を飲み込み、家々を押し流していった。もしも「稲むらの火」がなければ、多くの村人がその津波にのみ込まれ、命を落とす結果となっていたことは、まさに火を見るよりも明らかであった。

稲むらの火が、多くの村人達の命を救ったのである。

堤防工事という復興事業

この「稲むらの火」の話は、明治後期に日本各地の物語を描写していった小泉八雲（ラフカディオ・ハーン）によって紹介され、その後、戦前の国語の教科書にも取り上げられた。すなわち、私財をなげうって人々を救うその精神性に多くの人々が感銘し、大人としてなさねばならぬ振る舞いを描写した物語として、日本人全員に共有されていったのである。そしてこの物語は、凄まじい数の人々が犠牲となった2011年の東日本大震災の経験を経て再び、国語の教科書に取り上げられるなど、今もなお日本人に記憶され続けている。

ただし、この浜口梧陵の「稲むらの火」の物語は、単に村人を津波から救うというだけの物語ではなかった。

そもそも「稲むらの火」で大津波を生き延びた村人達は、命こそ助かったものの、家も農具も田んぼも畑も何もかも津波で失ってしまった。だから彼らはどうやって生きて行けばいいのか、途方に暮れる状況となってしまった。そして、多くの村人はもう、この村では生きていけないと考え、村を捨てて出て行こうとしたのである。

それを見た浜口梧陵は再び、このままではやはりこの村は亡びてしまう、という危機感を抱き、この危機を乗り越えるには何かできることはないだろうか――と考えた。

そして彼は、**この地の浜辺に「堤防」をつくりあげるという「土木事業」を速やかに始めること**を思い立つ。

なぜ彼はそう考えたのか――その理由は二つである。

第一に、今ここで大きな土木工事を行い、仕事を失った村人達を雇えば、村人達の懐に最低限の資金が入ることになる。それは彼らが生きて行くための糧となり、新しい仕事を始めるための資金となる。だから大きな土木工事を一定期間行い、村人達にその給料を払えば、彼らは再びこの村で仕事を始め、その結果、この村は人々から見捨てられずに済み、村の「産業」が始まることとなる。つまり、**大きな土木工事は、その村の「復興」に大いに役立つ**わけだ。

第二に、その工事を通してつくられる「堤防」が、人々に希望の光を与える。この村に住んでいる限り、再びあの大津波に襲われるかもしれない――多くの村人達の心にはそうしたトラウマが残ってしまっている。そしてその恐怖心が、村人達がこの村を見捨てようとする大きな理由の一つとなっていた。しかし、そこに堤防がつくられれば、そんな恐怖心を払拭でき、**人々にこの村で生き続ける希望を与える**ことができる。

こうした二つの理由から、浜口梧陵は、津波によって絶望の淵に落とされた村人達の「こころ」

と、ボロボロに破壊された「村」の双方を救い出す最善の策として、堤防をつくるという「土木工事」を断行することにしたわけである。

無論、そのための資金を、幕府や藩（つまり政府）が出してくれるはずもない。だから彼はそこでも再び、「私財」をなげうって、堤防をつくることを決断したのである。

その結果——浜口梧陵が企図した通り、村人達が村を離れることはなくなり、村は蘇り、復興していくこととなったのである。

浜口梧陵が私財をなげうって発揮した「土木の力」こそが、広村を消滅の危機から救い出し、甦らせたのである。

昭和の村人達を救った江戸の浜口

以上は、浜口梧陵が生きた時代の人々を彼が救ったという話であったが、彼が救ったのはそうした同時代の人々だけではなかった。実は彼は、彼が没した遥か後生の「昭和」の広村の人々の命も救ったのである。

広村に大津波が襲いかかった安政南海地震から90年後の１９４４年、広村は再び大津波に襲われることとなる。昭和東南海地震だ。その時、村には再び津波が押し寄せたのだが——浜口梧陵がつくりあげた堤防があった地域はその堤防によって守られたのだった。そして、その周辺では多くの建物が流され、多くの方々が命を失っていった中、広村は大きな被害を受けることなく、再び生き延びることに成功したのである。

つまり、**浜口梧陵は二度ならず三度まで、ほぼ一世紀の時間を隔てた広村の人々の命と町を「土木の力」を駆使して守り通した**のである。

なお、この浜口梧陵の「稲むらの火」の物語は、今日もなお語り継がれているものではあるが、とりわけ、現代の津波防災を目的とした土木政策を行うにおける最も大切な心構えを描写した貴重な逸話として大切にされ続けている。

現代の土木政策用語で言うなら、この物語には、津波から「逃げる」ことを促す**防災教育やリスクコミュニケーション**の偉大さ、**震災デフレを終わらせる大規模財政政策に基づく復興事業**の必要不可欠性、そして、町を丸ごと守り抜く**堤防**の重要さ、といった防災土木のあらゆる側面が詰まっているのである。そして何よりも大切なのが、このままでは村人が、ひいては村そのものが亡びる、という「危機」を読み取り、そのための対策を瞬時に練り上げそれを実行するという精神のあり方それ自体の大切さが、この物語に描写されている。つまりこの物語は「土木の力」の重要性のみならず、それを為さんとする「**土木の精神**」**の崇高さ**を描写するものでもあるのである。

ここにもまた「**利他行としての土木**」の姿を垣間見ることができるのであり、そうした精神性も含めた「土木」の営為こそが、浜口梧陵の生まれ故郷を救ったのである。そしてその土木の営為なかりせば、21世紀の現代社会には広村それ自身が、その「存続」も含めて今と全く異なったものとなっていたに違いない――土木はそれだけの強大な力を持っているのである。

第三節　角倉了以の高瀬川構想と京都

角倉了以のビジネスモデル

794年の平安遷都以来、今日に至るまで1200年以上にわたって京都は栄え続けてきた。しかし歴史上、少なくとも二度、明確な「没落」の危機を迎えている。

その一つが、明治初頭に時の明治天皇が東京へ行幸し、事実上皇居が東京に移り変わった時である。その結果、首都が名実ともに京都から東京に移った。この時、京都の衰退を憂えた明治天皇の思いが、運河事業や発電事業（琵琶湖疏水事業。次節参照）、ガス灯整備、市電整備などの政府主導の公共投資へと繋がり、明治期における京都の没落は何とか回避された。

もう一つが1603年の江戸幕府の創設時であった。それまで朝廷や室町幕府等によって京都にて運営されてきた政治の中枢機能が、この江戸幕府成立時に京都から東京へと移り、政治的首都の地位が剥奪されたのであった。結果、この時京都は平安遷都以来はじめて、没落の危機に見舞われたのである。

この時の京都の没落の回避にあたって大きな役割を担ったのが、京都の豪商、角倉了以《すみのくらりょうい》であった。[*6]

角倉了以は代々足利家に仕えた医者の家系に生まれた。その祖父は商いで大成して蓄財し金融業も営んでいた人物であり、了以の家は「京の三長者」の一つに挙げられる富裕な家であった。

そんな彼は、家業の医者は弟に譲り、自らは父から受け継いだ「科学者精神」と、祖父から受け継いだ「企業家精神」の双方の下、豊臣秀吉の朱印船貿易に参画し、ベトナムと交易を重ね、莫大な富を得るに至る。

そして彼が50歳になった1603年に徳川が江戸に新しく幕府を創設する。結果、京都の政治機能は全て江戸に移されることになり、京都は没落の危機に直面することとなった。

そんな中、了以は、衰退し始めた京都を再生し、活性化させる、数々の土木事業を展開していった。

最初に彼が行ったのが「**大堰川**《おおい》」**の開削工事**であった。

了以が住む里、京都の嵯峨野は北部の亀岡（当時の丹波）と保津—大堰川という一本の河川で接続されていた。しかし、その大堰川と呼ばれる区間には岩が多く、船が通ることができない状況であった。結果、亀岡と嵯峨野は船による物流は分断された状況であった。

この状況に目を付けた了以は、江戸幕府開闢の2年後の1605年、幕府に「**古より未だ船を通ぜざる所に、今、開通せんと欲す。これ二州（山城・丹波）の幸いなり**」と開削許可を申し出た。そして幕府の許可の下、大堰川をわずか5カ月の土木工事で開削する。結果、当初の了以の読み通りに嵯峨野の里ならびに丹波、亀岡の活性化に成功する。

なお、この事業は、幕府の許可を得てはいるものの、今日でいう政府が主体となる「公共事業」ではなく、あくまでも了以がそれまでの交易を通して蓄積した私財を投資する形で行われた「民間事業」であった（つまりこの事業は、先に紹介した浜口梧陵が私財をなげうって行った堤防整備事業と同様の構図で行われた）。

ただし、企業家でもあった了以は、この事業を純然たる公益事業として展開したのではなく、収益事業としても位置づけ、船から運河の使用料金を徴収した。そして得られた収入の一部を税として納めることで「政府」に富を与えると同時に、自らも富を得、そしてもちろん地域経済全体を活性化するという、いわゆる**「売り手良し、買い手良し、世間良し」の「三方良しのビジネスモデル」**を確立した。

高瀬川ネットワークの効果

この経験を踏まえ、了以は大堰川工事の完了から5年後の1611年に、京都の都心である鴨川の二条大橋と、京都南部の伏見を結ぶ約10キロメートルの**運河「高瀬川」**を開削することを計画する。

当時の物流の主力は陸路でなく「船」であった。

例えば当時の大坂はすでに、港町として全国各地と舟運での物流ネットワークで接続され、それによって大いに経済的に栄えていた。一方で京都には港がなく、当時の「船の物流ネットワーク」から隔離された状況にあった。その結果、京都は経済的に伸び悩んでいたわけであるが、それに加えて政治の中心が京都から江戸に移ったことで京都の没落がさらに深刻化する事態となったのであった。

そんな中で了以が構想したのが「高瀬川」であった。

高瀬川が整備されれば、京都と大坂の間の舟運が淀川―宇治川、そしてこの「高瀬川」を通して接続され、**日本そして世界の各都市の間で形成されつつあった「舟運物流ネットワーク」に京都が直接的に接続され、京都経済が活性化する**ことが期待されたのである。いわば、首都でなくなった穴埋めを、運河整備による経済活性化で果たすことが期待されたのである。

了以はそんな期待の下、折から方広寺大仏殿再興のための資材の運搬の命を受けていた幕府に高瀬川構想を申請して了承を得、3年の時間を経て完成させた。

その効果は絶大なものであった。

京都と大坂、さらには大坂の港を通した他都市との間の物流量が飛躍的に増加し、全国の物資が京都に迅速かつ大量に届けられるようになると同時に、京都の良質な商品が全国各地に届けられるようになった。そもそも京都には多くの消費人口が居住していると共に、西陣織をはじめとした様々な伝統品の生産地でもあることから、物流路が確保されれば交易が一気に拡大し、経済が成長する潜在的状況がかねてからあった。だからこの高瀬川は、その潜在的な成長力を一気に開花させることとなったのである。

無論、それだけ活発に運河が活用されれば、その使用収益も莫大なものとなる。そしてその使用料の半額に設定されていた税収も大きく拡大したため、時の政府を大いに潤した。

さらにはこの運河整備は、京都の都市を大きく発展させることにも繋がっていった。そもそも京都は御所を中心としたエリアが都心部であり、高瀬川が整備された東部エリア（木屋町界隈）は、あまり開発が進められていなかったが、高瀬川の整備後には様々な民間投資が進められ、京都の街（洛中）が、**高瀬川に引きずられるように東側に拡大**していくこととなった。[*7]

その後、その界隈は高瀬川の舟運を通して着実に発展していき、幕末の頃には、各藩邸が並ぶなど都市の中枢機能を担うエリアへと成長していった。さらには現在においてもなお、河原町通りや木屋町界隈は、京都の繁華街の中心エリアとなっているが、それも無論、そうした高瀬川の整備を契機としたこの界隈の都市成長が今日まで繋がっていることを意味している。

こうして**高瀬川は、江戸に政治機能が移転し、まさに没落の危機に直面していた17世紀初頭の京都を大いに活気づかせた**のである。

もしこの高瀬川の整備がなければ、今日の木屋町や河原町周辺の繁栄は確実になかったと言えよう。それどころか今日、政令指定都市の一つとして栄える今日の京都全体の繁栄すら、なかった可能性すら考えられるだろう。そもそも都市の発展において、政治も文化も重要であるが、経済はそれらのさらに「基盤」を成す重要な要素だからである。経済が衰退すれば人々が暮らしていくことができず、結果、政治や文化を担う人材が枯渇し、早晩、政治も文化も衰退していく他ない。そして、その「経済という基盤」をさらにその下部から支えるのが、運河をはじめとしたインフラストラクチャーなのであり、この構図を大局的視座から見てとった角倉了以は、「企業家」としてのみでなく「築土構木」を志した土木技師として運河の計画を構想し、私財を投じた土木事業を展開したのであった。

第四節　京都を救った琵琶湖疏水事業

誇りを取り戻す大事業

内陸都市である京都が、７９４年（延暦13年）の平安京遷都から１８６９年（明治２年）に政府（太政官）が東京に移転するまでの１１００年弱もの間栄えてきたのは、朝廷の所在地であるという意味だけではなく、水陸交通の利便がよかったからである。

平安京は、北（玄武）に高山、東（青龍）に流水、南（朱雀）に沢畔、西（白虎）に大道をひかえた「四神相応」の理想的な地相であると言われている。こうした都市計画の呪術として信じられていた風水思想だけではなく、実際に、淀川を通じて西国と、琵琶湖を通じて北国や東国と「水運」（あるいは、舟運）で通じるには都合のよい位置にあったのである。

前節で述べたように、徳川幕府が開かれて政治の中心が江戸に移っても、京都が文化の中心であり続けることができたのは、豊臣秀吉の伏見築港や京都の豪商、角倉了以による保津川、高瀬川の開削といった水運の利便が確保されていたことが大きく貢献している。

同じように、明治維新において首都が京都から東京へと移されたことで京都が衰退することが深刻に懸念された中、衰退を食い止め、今日につながるまで都の繁栄を持続することができたのは、当時の京都府知事、北垣国道《きたがきくにみち》と工部大学校（現在の東京大学工学部）を卒業したばかりの青年土木技術者、田邉朔郎《たなべさくろう》による**琵琶湖疏水事業があったればこそ**であった。

1881年（明治14年）に北垣が府知事に就任したとき、京都は人口流出が激しく、23万人にまで半減し、殖産振興策も手詰まりとなっていた。北垣は京都衰退の原因は東京への政治機能の移転ばかりではなく、水利の遅れであると考えた[*8]。

そこで北垣は、琵琶湖から京都へ大量の水を引き込み、水運、灌漑、動力、上水、防火、地下水位の確保、小河川の水質改善などに利用し、産業振興と都市の環境を整えることを目的とした琵琶湖疏水事業を企図した。

1883年（明治16年）の勧業諮問会に提出された琵琶湖疏水の起工趣意書（琵琶湖疏水及水力事業、1940）では次のような趣旨が述べられている。

「明治維新により京都はかつての繁栄を凌ぐほどであったが、天皇をはじめ政府機関が東京に移って以来、京都の様子は一変してしまった。それから十数年の年月が経ち、いまでは皆が東京に傾倒している。京都の繁栄を取り戻すためには、器械を用いて工芸を発展させ、水運を拓いて運輸の利便を良くすることが第一である。そうすれば京都は賑わいを取り戻すことであろう」と。

すなわち、**琵琶湖疏水事業は、京都の衰退を食い止め、京都が「近代都市」として再生を果たすことを企図して始められた国家プロジェクト**だったのである。

北垣は、知事に就任するや、福島県で工事中の安積疏水を視察した。安積疏水は、猪苗代湖の湖水を奥羽山脈を越えて安積原野に引き込む導水事業で、不毛の地であった郡山盆地の発展の礎となった事業である。このとき、安積疏水はオランダ人技術者ファン・ドールンの下で、すでに明治12年（1879年）に着工していたのである。

北垣は、安積疏水の工事主任を務めた南《みなみ》一郎平《いちろべえ》を京都に招き構想を諮問した。そして、南の意見書を下敷きに「琵琶湖疏水設計書」を完成させた。この時あわせて作成した趣意書では、琵琶湖疏水の目的・効用として次の7項目を挙げている。[*9]

1　製造機械の事（水車動力を製造機械に利用する）

2　運輸の事（大阪から琵琶湖まで通船運河で連絡する）

3　田畑灌漑の事（灌漑用水に利用する）

4　精米水車の事（足踏み精米を水車動力に切り替える）

5　火災防慮の事（防火用水に利用する）

6　井泉の事（飲料水の枯渇に備える）

7　衛生上に関する事（市内小河川に流水し水質を改善する）

このように琵琶湖疏水事業は、動力、水運、灌漑などを目的としており、まさに今日の多目的利水事業の先駆けとも言える事業であった。

日本人技術者の手で克服

この工事の主任技師として北垣が選んだのが田邉である。北垣の計画が緒についたばかりの頃、田邉は自らの卒業論文のテーマが琵琶湖疏水計画であった。1883年（明治16年）、工部大学校を卒業した田邉は京都府に着任した。採用当時は弱冠満21歳であった。

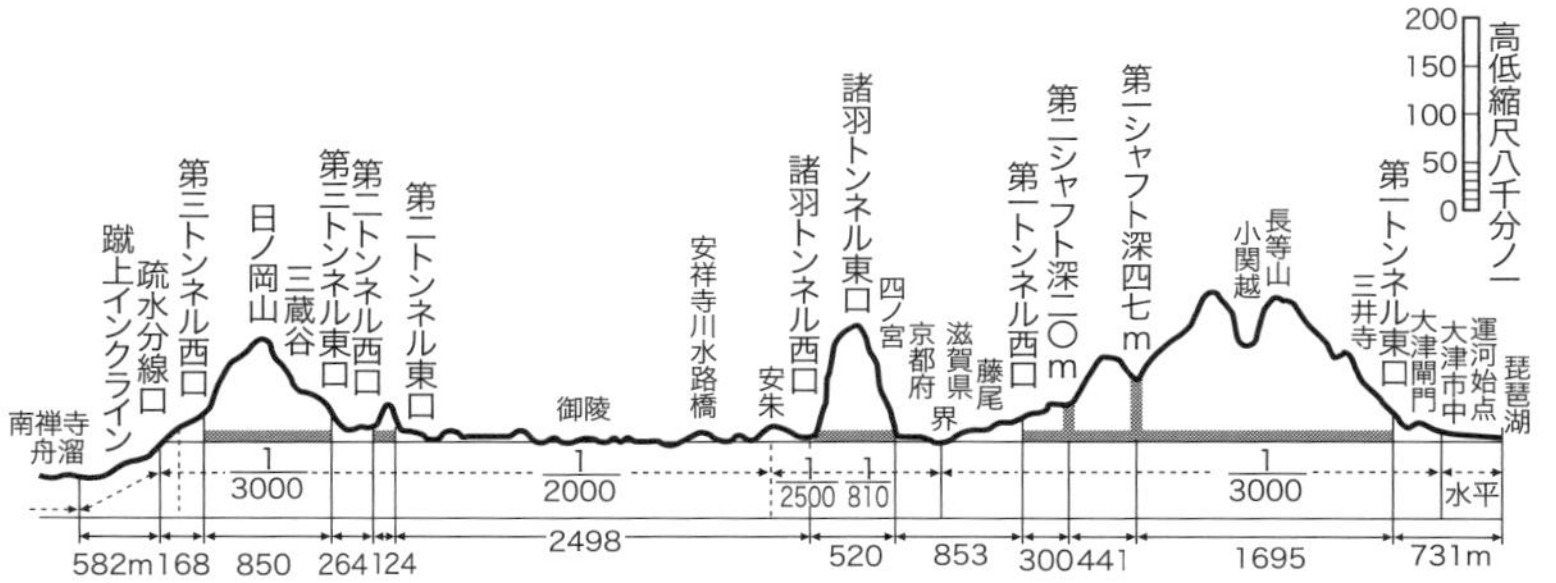

図4－1　第1疏水断面図（出典　京都市上下水道局ウェブページ）

北垣の知事就任以来、疏水線路の調査、測量、設計、さらに設計変更とそれに伴う工事費の増額、市民負担の説得、同じく湖水を利用する滋賀県や大阪府との調整など、様々な問題をクリアしながら、疏水事業は１８８５年（明治18年）６月に着工した。

疏水は、大津市三保ヶ崎に取水口を設け、京都府・滋賀県境の長等山をトンネルで抜く。なかでも第一トンネルは延長２４３６メートルで、当時、日本最長のトンネルである。工期短縮のために、山の両側から掘り進めるだけでなく、途中に山から垂直に掘り下げた立坑（シャフト）を掘り、そこから両側坑口に向けて工事を進めていく工法をわが国ではじめて採用した。

一方、水運のためには荷を舟に積載したまま京都市街までの標高差を下っていかなければならない。そこで舟運のための閘門《こうもん》が各所に設けられた。また、京都市蹴上《けあげ》に「インクライン」（傾斜鉄道）を設け、台車に舟を載せて約36メートルの落差を下った（図4―1）。

疏水は蹴上で支川を分水させ、南禅寺境内を経て山沿いに

写真３　現在の第１疏水、第２疏水合流点（出典　京都市上下水道局ウェブページ）

水車動力を利用した工場地帯をつくる計画であった。しかし、アメリカに水力発電の機械があることを知った田邉は水車動力ではなく、水力発電を取り入れることを決定した。当時の日本では、１８８６年（明治19年）には東京で火力発電による電気事業が始まっていたが、水力発電は世界でも珍しいものであった。

１８９０年（明治23年）に、疏水は鴨川合流点まで と分線が完成。その翌年に分線の水流を活用して日本初の営業用水力発電所となる蹴上発電所の運転が開始された。この電力を用いて、インクラインを舟が昇り降りし、また、１８９５年（明治28年）には京都—伏見間で日本初の電気鉄道の運転が始まったのである。さらに、電力は西陣織の機械化など産業復興の重要な足がかりともなった。

このように、当時、世界でも画期的なインクラインと水力発電の導入を日本人技術者だけの手で行われたことは、京都だけでなく日本のエポックメイキングとなる事業であったと言える。

また、明治30年代には、既存の疏水だけでは電力需要の増加に対応できなくなったことや、地下水に頼っていた飲料水の質・量に問題が発生したことから、１９０８年（明治41年）、第二疏水が着工された。日本初となる急速濾過《ろか》方式を採用した蹴上浄水場も設置され、１９１２年（明治45年）に京都市上水道の供給が始まった[*10][*11]（写真３）。

今も京都の重要な都市基盤

明治維新により一地方都市となった京都であるが、動力、水運を主目的に建設された第一疏水と疏水分線、水道水供給を主目的に建設された第二疏水は、現在も京都の重要な都市基盤として生活を支えている。

無論、時代とともに疏水の用途は変化してきた。鉄道網の整備に伴い、１９５１年（昭和26年）には水運が廃止された。現在では、主に発電と水道水の供給に用いられている。実に京都市の水道水の９割がこの疏水により賄われているのである。

計画当時は京都の景観にそぐわないとの批判の声もあったが、疏水分線が流れる南禅寺境内の水路閣や「哲学の道」などは、京都の歴史的景観として四季折々の風景とともに観光名所にもなっている。

ただしそれと共に、あるいは、それ以上に重要なのは、もしも水運や発電のための大土木事業であった琵琶湖疏水がなければ、明治維新における「遷都」によって「首都」の座から追い落とされた京都は、今日のような１５０万人の人口を抱えた大歴史都市として繁栄することなどなかったかもしれない、という一点にある。

つまり、もしあの時、琵琶湖疏水をつくるという決断がなされなければ、京都の産業革命はさらに遅れ、現代にも受け継がれている京都の伝統や文化、都市景観はいずれも今日の形で受け継がれることなく、衰弱の一途をたどっていたやもしれなかった。その意味において、いま、「哲学の道」を歩きながらその美しい景観をゆっくりと堪能できる琵琶湖疏水は、京都の町を救った重要な大土木プロジェクトの痕跡だとも言えるのである。

第五節　富山を救った「砂防」

富山繁栄の真の理由

富山市は今、日本中の注目を集める「まちづくり」を進め、デフレ時代の他の都市では久しく見ることができなくなってしまった「賑わい」を取り戻し始めている。

平成27年（2015年）には北陸新幹線が開通し、首都圏までたった2時間で行き来できるようになった。これと並行、あるいは先行して、街の中には最新式の路面電車である「ＬＲＴ」（ライト・レール・トランジット）が整備された。都心部には道路空間を活用した「広場」がつくられ、連日様々なイベントが開催され、たくさんの人で賑わっている。そして、都心部やＬＲＴの駅周辺では、民間投資が活性化して「地価」も上昇しはじめている。つまり富山は今、衰退の一途を辿っている全国の地方都市とは対照的な繁栄を手に収めつつある。

これを導いたのは新幹線であり、街中のＬＲＴや広場の整備であり、それをサポートする「まちづくり行政」である——ことは間違いない。

しかし、これらの理由よりもさらに重要な、これが不在であれば富山の繁栄は絶対にあり得なかったという極めて重大かつ本質的な理由がもう一つある。

それが、富山の背後にそびえ立つ立山連峰の「**砂防**」である。

当たり前のことだが、富山の街の繁栄は「富山平野が、今の状態で、そこに存在し続けていること」が全ての前提だ。ところが、**この前提を守り続けるためには、「砂防」の取り組みが絶対的に不可欠**なのだ。

図４—２をご覧頂きたい。これは、今から１５０年以上昔、幕末の時代を迎えていた１８５８年（安政５年）に富山平野を襲った「**大土石流災害**」の被害範囲だ。

ご覧のように、富山平野は、その背後にある「立山連峰」から流れ出る「常願寺川」等によってつくられた平野（沖積平野）だ。

つまり常願寺川をはじめとした様々な河川が**定期的に**「**洪水**」（**氾濫**）**を起こし**、その度に、背後の山々からやってきた土砂が平野部全体に拡散し、それが繰り返される内にできあがったのが富山平野なのである。

立山連峰は、富山市を象徴する美しい山々だ。しかし、その美しい山々からやって来る水や土砂は富山の人々を幾度となく襲い続けている。というより、富山平野の地学的歴史から言うなら、そうした洪水や土石流は、**富山市民にとっては、逃げることができない「宿命」**なのである。そしてその代表的な災害が、図4―2に示した1858年（安政5年）に富山市を襲った土石流だったのである。

それは現在の富山市の中枢部を全て覆い尽くすほどに巨大なものであった。もしも今、これと同じものが富山市を再び直撃したとすれば、凄まじい人的被害、経済的被害をもたらし、冒頭で紹介したような「まちづくり」や「賑わい」などからはほど遠い、富山は最悪の「地獄」にたたき落とされるであろうことは必定だ。

そもそもこの時の土石流は、「**山津波**」あるいは「**鉄砲水**」と呼ばれる種類のものだった。こうした土石流が流れる瞬間を捉えた貴重な写真を見ると、水と泥、そして大小様々な「岩石」までもが凄まじい勢いで流れていくことがわかる。つまりそれは通常の「洪水」と異なり、まさに「山津波」「鉄砲水」と形容するにふさわしい凄まじい破壊力を持つものだったのである。

しかもこれが一度起こってしまえば、各種の都市施設を破壊するのみならず、大量の土砂や岩石が平野を覆い尽くすことになる。そうなれば、復興やまちづくりどころか、「復旧」すらままならぬ状況となってしまう。

だから今の富山の繁栄には、その土地の状態を一変させてしまう恐ろしい災いを起こさない――という一点が必須だったのである。そして、**こうした恐ろしい災いを防ぐために、営々と続けられてきた取り組みこそが、「砂防」**だったのである。

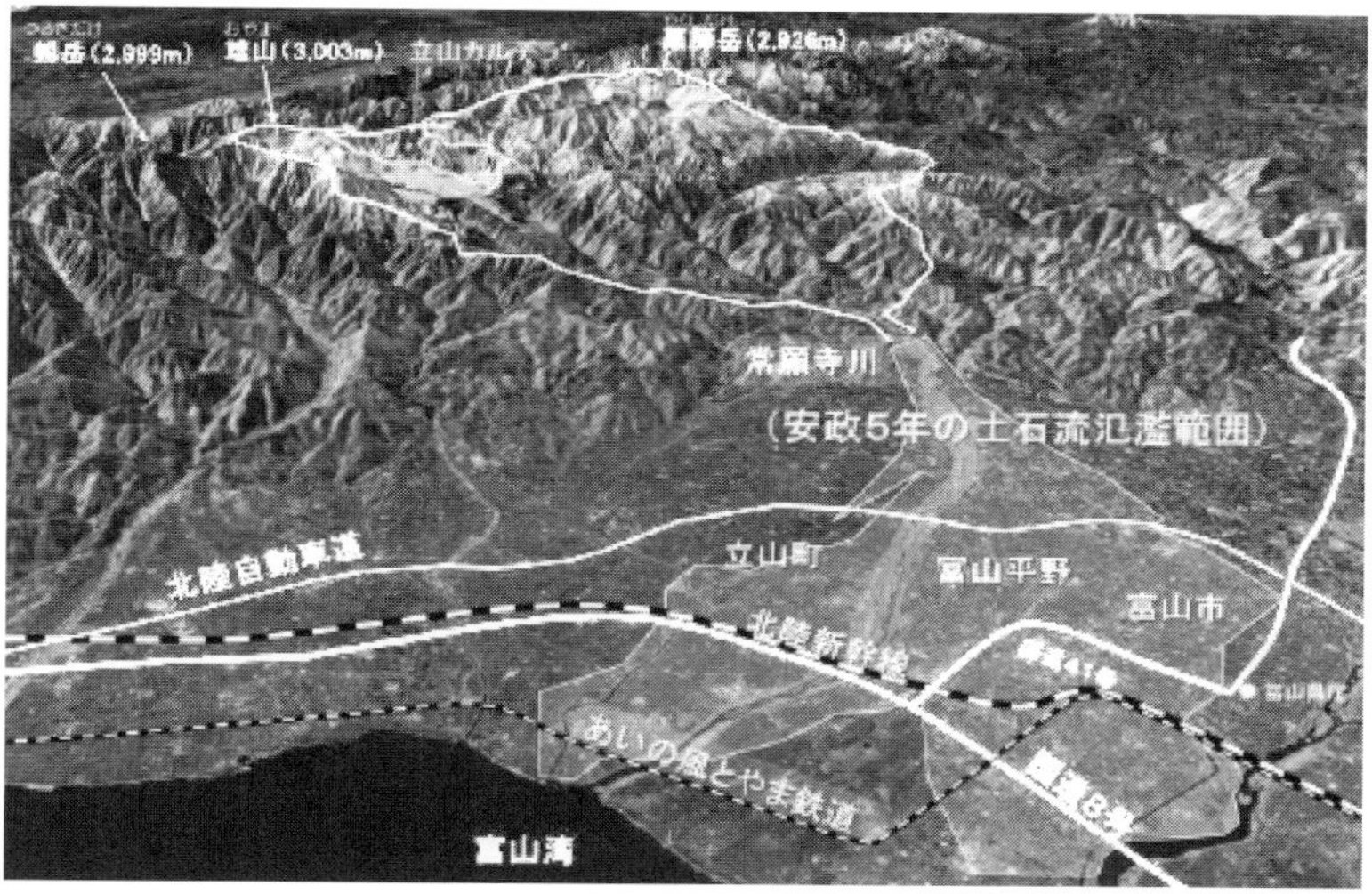

図4-2　安政5年（1858年）の大土石流が襲った範囲
（出典　藤井聡「国土保全イノベーション～『砂防』がまもる日本の国土～」、『土木施工』2017, Jun VOL.58 No.6, pp. 72-75.）

地道な砂防の取り組み

この巨大な「山津波」の被害が繰り返されるようでは、富山の発展はありえない——そう考えたのが、安政の時代の直後の明治政府が設置した行政組織である「富山県」であった。

富山県が常願寺川の治水・砂防工事に着手したのが明治16年（1883年）。それ以後、実に地道な砂防事業が常願寺川で展開されていった。

砂防事業とは、土砂が下流に急激に流れていかないように河川の傾斜を緩めたり、洪水が起きないように堤防をつくったり、新しい河道を掘って分流したりなどの事業である。

しかし、こうした取り組みにもかかわらず「土石流」「洪水」はしばしば発生していた。そしてまた安政の大土石流のような事態が起これば、明治維新以降につくりあげた**富山は再び大打撃を受けてしまう――**。

こうした危機意識から、大正時代から土石流それ自体を強力に食い止めるインフラとして「砂防堰堤《えんてい》」（あるいは砂防ダム）を本格的につくる事業が始められた。

砂防堰堤とは谷あいにある川につくる小さなダムのようなものなのだが、その目的は、通常のダムのように水を貯めるのではない。それはあくまでも「流れて来る砂を貯めるためのダム」である。だから土石流が起こっても、この砂防堰堤があればそこで食い止められ、富山の街を救うことができるのである。

しかもこうやって砂を貯めておけば、川の底の「勾配」も緩やかになる。そうなると砂が流れていくスピードが抑制でき、下流側に流れていく砂の量をさらに抑止することができる。

こうやってダブルの効果で砂の流下を抑止していくのが、砂防堰堤だ。

富山県ではまず、大正時代末期に土石流が流れ出る要所であった「岩盤露出点の白岩《しらいわ》」に大きな砂防堰堤をつくることが構想された。これは近代日本では画期的な事業であったが、これを14年の時間をかけて完成させた。

その後も要所要所で砂防堰堤の整備は続けられ、ピーク時（昭和40年ごろから平成初頭ごろ）には、年間2、3基ずつ整備されていった。

こうした取り組みを経て、常願寺川で大規模な土石流が生ずるリスクがなくなっていくと同時に、「土砂の移動」が年々最小化されていきかつてのような大洪水が生ずるリスクも激減していった。

つまりこの砂防の取り組みがなければ、安政から今日に至るまで、富山市は幾度も大きな土石流の直撃を受け、繰り返し破壊され続けていたかもしれない。そうなれば、本節冒頭で紹介したような、今日の富山の繁栄は幻のように消えてなくなっていたことは間違いない。

無論、「砂防・治水」の取り組みは富山においてのみ続けられてきたのではない。日本中のあらゆる河川において、地道に続けられてきた取り組みだ。それぞれの河川でそうした取り組みがなければ、富山での今日の繁栄が砂防なくしてあり得なかったように、すべての流域都市の繁栄もまた夢幻のように失われていたことすら考えられるのである。

その点を踏まえるなら「急峻な地形に、大量の雨が降り注ぐ日本列島」に住むわれわれ日本人の「今」の暮らしと繁栄は、人知れず何十年も何百年も続けられた地道な砂防・治水の取り組みの「賜物」と言わねばならないのである。


【参考文献】
＊1　長尾義三『物語日本の土木史』鹿島出版会、1985
＊2　井上薫『行基事典』国書刊行会、1997
＊3　吉田靖雄『行基と律令国家』吉川弘文館、1987
＊4　満濃町「満濃池の歴史」、2018年4月時点（http://www.town.manno.lg.jp/manno_pond/pond_history.html）
＊5　「稲むらの火～安政地震津波の顛末～」濱口梧陵記念館・津波防災教育センター資料
＊6　菊岡倶也「土木に賭けた夢　高瀬川をひらい

た角倉了以」、『DOBOKU技士会東京』29、2004

＊7 田中尚人、川崎雅史、鶴川登紀久「舟運を基軸とした京都高瀬川沿川の都市形成に関する研究」、『土木計画学研究・論文集』17、pp.491-496、2000

＊8 松浦茂樹『明治の国土開発史　近代土木技術の礎』鹿島出版会、1992

＊9 「京都再発見　京都・近代化の軌跡　第9回　京都近代化のハイライト事業　琵琶湖疏水建設（その1）」、一般社団法人京都経済同友会ウェブページ、2018年4月時点（http://www.kyodoyukai.or.jp/rediscovery/rediscovery009）

＊10 国土政策機構『国土を創った土木技術者たち』鹿島出版会、2000

＊11 「琵琶湖疏水」、京都市上下水道局ウェブページ、2018年4月時点（http://www.city.kyoto.lg.jp/suido/page/0000007153.html）

第五章

「経済大国」をつくったインフラ

第一節　日本国民を統合した鉄道と通信

大隈重信と国民統合

１８６７年11月（慶応3年10月）の大政奉還、１８６８年１月（慶応3年12月）の王政復古により天皇を中心とする新政府が発足した。

１８６９年（明治2年）の箱館・五稜郭の戦いをもって戊辰戦争が終結し、同年、版籍奉還により日本全国が新政府の支配地となったものの、藩の区域については旧藩主による統治権限が残っていた。新政府にとっては、封建的な割拠体制を打破し、天皇を中心とする中央集権体制を確立することが必要であった。

また、国土経営の方針として富国強兵と殖産興業を掲げ、欧米諸国と国際的に肩を並べることができる近代国家の形成を目指していた。

しかしながら、わが国の国土は険しい山地や大小の河川によって平野や盆地がいくつにも区切られており、政治的にも、経済的にも、軍事的にも国を統一するためには、その基盤となるインフラが必要である。そこで新政府は、欧米の技術を導入しながら、河川、鉄道、道路、港湾、農林漁業、治山、電信電話などへの投資を行い、国土整備を活発に行った。*1

こうした中で明治初年から整備が始まり、急速に全国に広まったのが鉄道と電信（通信）である。

新政府の要人となった大隈重信は、戊辰戦争のために東海道などの主要な駅路が疲弊したことから、その救済が必要だと主張するとともに、険悪な道路を修繕しなければ新政府が大小の藩を統率することは困難であり、したがって、運輸交通の不便を取り去ることが急務であると考えていた。

そして、「四通八達の便を画り、運輸交通の発達を努めんには、鉄道を敷設し、且之と同時に電信を架設して全国の気脈を通すること実に最急の要務なり。而して是啻《ただ》に運輸交通を便にするのみならず、其封建の旧夢を破り、保守主義連、言換れは攘夷家の迷想を開き、天下の耳目を新にして『王政維新』の事業を大成するに少なからさる利益を与ふることならん」と述べた[*2]。

つまり、まずは鉄道と電信で全国をつなぎ、**日本国民全体のお互いの「気脈」を通じ合わせる**ことが急務である、そのことは利便性をあげるのみならず、**守旧派の意識を変え、新しい時代の政治を成功させる上で重要な意味を持っている**、と指摘したのである。

このような認識のもと、鉄道と電信は、全国各地の日本国民が、お互いに「交流」を始めるための基礎インフラとして整備されていった。そしてこれまでは地理的に限定されていた交流圏が日本全国に一気に拡大し、**国民国家として**「**統合**」されていくこととなったのである。こうした**インフラによって促された「国民統合」がさらなる国力の源泉となり、近代国家として日本は飛躍的に発展していった**[*3]。

しかも、「鉄道」や「電信」は近代化のモニュメント（記念碑）であり、文明開化のシンボルでもあった。当時の人々は、鉄道や電信に触れることで、これまでの前近代とは明らかに違う時代に、日本の国それ自体が突入したことをありありと認識することとなったのであり、その認識を全国民が一斉に共有するということを通して、国民国家としての「統合」がさらに加速されていくこととなった。

このように、**明治期に導入された鉄道、電信は、実物的な意味でも、社会学的な意味でも、日本国民の「統合」に巨大な意味をもたらした**のである。

東西日本の患いを解く交通インフラ

さて、日本に鉄道と電信がもたらされたのは、1854年（嘉永7年）のアメリカのペリー提督2度目の来航の時であった。この時ペリーはアメリカ大統領からの贈り物として、ミニチュア蒸気車とモールス電信機などを持参し、横浜でそれらを実演して見せている。[*4][*5]

開国を契機に、幕府や地方雄藩は、造船や操船技術の取得、大砲鋳造のための反射炉、鉄道、電信など、近代技術の研究と製作を活発にしていった。そして、鉄道や電信に関するさらなる知識は、欧米への幕府使節団や諸藩が派遣した留学生によって日本に持ち帰られた。

日本鉄道の父である井上勝も、日本電気通信の父である寺島宗則（元の名は松木弘安）もそうした留学生であった。彼らが新政府の一員として腕をふるい、鉄道や電信を本格的にわが国に導入していったのは、ペリーが来航し、その技術を伝えてからおよそ15年後のことであった。

鉄道については、イギリスの駐日公使パークスの進言もあり、1870年（明治2年）、東京〜

京都間の幹線と東京〜横浜間、京都〜神戸間、琵琶湖近傍〜敦賀間の3支線、計4路線の鉄道建設の政府決定がなされた。

特に、東京〜京都間については、江戸を東京と改め天皇の存在を示し、東日本の経営戦略の基礎としつつ、**西の京である京都と東京との間を天皇が行き来することで、東西日本の思いを解く**という考えがあった。*6 これが、東京〜京都間の交通インフラ整備の重要な動機となったのである。

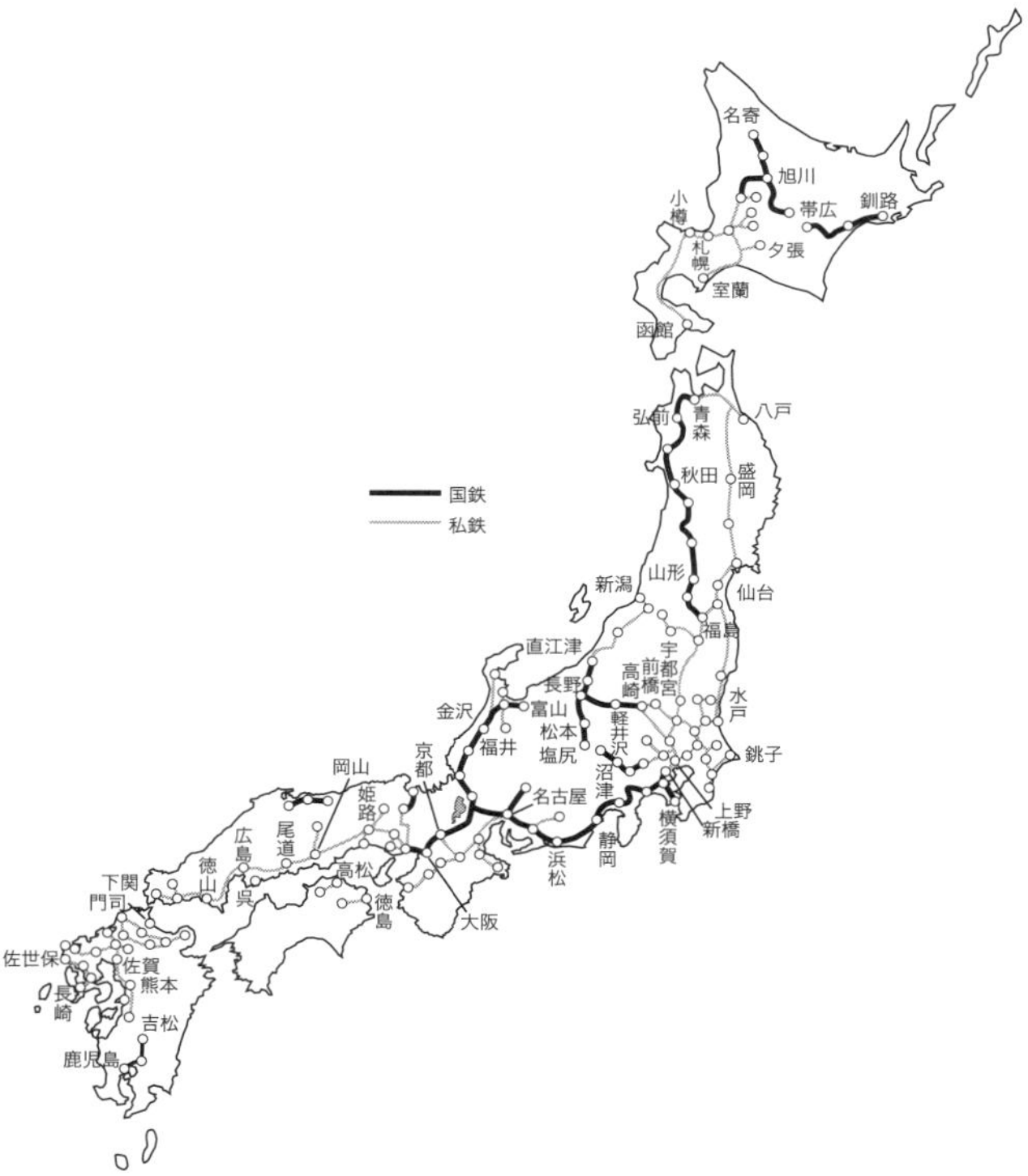

図5−1　1905年(明治38年) 末の鉄道網(出典　沢本守幸『公共投資100年の歩み』)

　まずは、京浜間と京阪神間で着工となり、新橋〜横浜間が1872年（明治5年）、大阪〜神戸間が1874年（明治7年）、大阪〜京都間が1877年（明治10年）に開業した。

また、東京〜京都間については、東海道ルートと中山道ルートの2案が検討され、いったんは中山道ルートに決まった。これは、東海道沿岸はすでに海運が発展していることから二重投資になる。一方、中山道は交通の便が悪いため、ここに鉄道を敷設することは沿線の産業開発を誘引することになり、さらに、中央内陸部から南北に枝線を伸ばせば日本全体の経済発展にもよいという考えからであった。

しかしながら、中山道ルートではやはり山地の地形が険しいことから、1886年（明治19年）に東海道ルートに変更した。そして、その着工からほぼ3年、1889年（明治22年）に新橋〜神戸間が官設により全通するのである。

また、このわずか2年後の1891年（明治24年）には、私鉄の日本鉄道が上野〜青森間を全通させている。西日本においても同年には、山陽鉄道が神戸〜岡山間、九州鉄道が門司〜熊本間に達していた。日本の骨格となる縦貫鉄道が私鉄の力を借りながらも確実に延伸していった[*4]（図5―1）。

ところで、東京〜京都間を東海道ルートに変更する際、時の内閣総理大臣・伊藤博文は井上勝に、1890年（明治23年）に開催される第一回帝国議会の開催に間に合うようにと条件を出したと言われている[*7]。このことからも、鉄道が「近代化のモニュメント＝記念碑」と認識されていた様子をうかがい知ることができるだろう。

「電信は国の神経」

電信については、1869年10月（明治2年9月）に東京・築地〜横浜間で工事に着工し、1870年1月（明治2年12月）に事業を開始した。次いで明治3年には、大阪〜神戸間が開通した。日本最初の鉄道が東京・新橋〜横浜間に開通したのは1872年（明治5年）であるが、同年には東京〜神戸間の電信が開通していた。

一方、海外との接続は、1870年（明治3年）、デンマークの大北電信会社に対し、長崎、横浜に海底電信線の陸揚げと両港間を海底電信線で接続することを許可した。そして1871年（明治4年）、大北電信会社の長崎〜上海線、長崎〜ウラジオストック線が開通し、日本は電信で世界と結ばれた。

このように、長崎で海外と電信が結ばれたものの、国内の電信線はまだ長崎までつながっていなかった。今述べたように、日本政府は大北電信会社に長崎〜横浜間の海底電信線の敷設も許可していたことから、外国企業に先に長崎〜横浜間を結ばれると国内電信の自主権が損なわれるのではないかと懸念した。そこで、日本政府の手による長崎〜横浜間の陸上電信線の敷設を急いだ。

こうして長崎〜横浜間の陸上電信線は、箱根の峻険と富士川、大井川、天竜川などの渡河に苦しみながらも敷設され、1873年（明治6年）に東京〜長崎間が開通した。また、1875年（明治8年）には東京〜青森間がつながった（図5―2）。

このとき、すでに札幌〜函館間が開通していたため、津軽海峡に海底線を敷設することにより、

図5－2　1875年（明治8年）までの青森～東京～長崎電信線路図（出典　若井登・高橋雄造『てれこむノ夜明ケ　黎明期の本邦電気通信史』）

札幌から長崎に至る日本列島を縦断する電信線が完成した。

１８７７年（明治10年）に起こった西南の役では電信が政府軍の戦局を有利に導くなど、電信の有効性が一段と認識されるようになり、２年後の１８７９年（明治12年）までに全国のほとんどの主要都市に電信局が設置された。

福沢諭吉は、１８７８年（明治11年）、全国電信網の中心となる電信中央局が開設された時、次のように祝辞している。

「電信は国の神経にして、中央の本局は脳のごとく、各処の分局は神経叢の如し。日本中新に此の神経の穎敏なるが為めに形体もともに活溌力を得るに至れり」。つまり、「**近代国家の脳神経系**」**として電信が整備されることが、日本が活力を得る重要な条件であると福沢は指摘した**のである。

なお、福沢は、幕府の遺米・遺欧使節団に２度参加しており、著書『西洋事情』において電信についても紹介していた。つまり彼は自身が欧米で目を見張った技術がわが国で実用化されたことを喜んだのである。[*5]

鉄道と電信は、ひとたび開業すると急速に全国に広まった。人の脚、伝馬・荷駄馬、舟運に依存していた交通・運輸の姿を変え、国土の空間を一気に縮めた。電信が瞬く間に伝わることは言うまでもないが、江戸時代、江戸~大坂間の大名行列が19日要していたのに対し、明治23年当時、鉄道は新橋~大阪間を約19時間で結んだ。[*8]

また、鉄道により、人々が日帰りレジャーを楽しむ行動範囲が広がった。さらには、当時の鉄道は単線であったから、定刻どおりに運行しなければ列車のすれ違いに支障が生じる。そこで、分単位での時間感覚を人々が身につけるようにもなった。[*4]

今日の電信技術はスマートフォンやインターネットにまで発展し、鉄道も時速500キロメートルのリニア新幹線がまさに供用されようとしているが、こうした今日の発展した技術の礎は、確かに明治黎明の頃、当時の日本人達が日本の繁栄を夢見つつ築き上げたものなのである。しかも、そうしたインフラは、日本を一つの「日本国」という国民国家として統合するに必須の近代化装置でもあった。

だからもしあの時、彼らがその国家事業を怠っていたとすれば、われわれの発展はあり得ず、「発展途上国」と言わざるを得ない状況に置かれていたことも十二分以上に考えられるのである。

第二節　日本の成長を支えた東名・名神高速道路

昭和38年、日本初の高速道路開通

戦後焼け野原だった日本が「経済大国日本」にまで上りつめた最大のエンジンは「三大都市圏」であった。そしてその「三大都市圏」の発展は、それらを有機的に結び付けた東名・名神高速道路を中心とした高速道路の整備がなければもたらされることなどなかった。つまり、東名・名神高速道路が今日の日本の繁栄において欠くべからざる必須の国家装置だったのである。その東名・名神高速道路がいったいどのようにして、どのような思いでつくられ、それが今日の日本の繁栄をいかにしてもたらしたのか——本節ではこの今日の日本の繁栄にとって絶対不可欠であった都市間交通インフラに着目する。

日本の高速道路網は昭和41年（1966年）に7600キロメートルの計画が策定された。その後、昭和62年に決定された第4次全国総合開発計画で、高速国道3920キロメートルと一般国道自動車専用道路2480キロメートルが追加され、現在の高規格幹線道路網**1万4000キロメートル**となった。1万4000キロメートルの高速道路ネットワークが完成すれば、**全国どこからでも概ね1時間で高速道路の利用ができる**ようにと計画された。

平成29年度末の高規格幹線道路網の完成予定延長は1万1658キロメートルとなり、83％が

供用されたことになる。[*9] 名神高速道路の建設着手は60年前の昭和32年であるから、年間約200キロメートルのペースで整備されてきたことになる。この開通のペースを持続できれば、ようやく全線開通の日が見えてきたと言える。

それでは、日本ではじめて時速100キロメートルで走行できる高速道路が完成したのはいつだったかといえば、昭和38年7月15日。開通延長は71・4キロメートル、名神高速道路の滋賀県栗東から兵庫県尼崎間が完成したのである。

開通当時のエピソードとして、**開通後10日間でオーバーヒートなどの車の故障が573件も発生**し、立ち往生したという記録が残っている。

当時の国産車の性能は時速100キロメートルでの高速連続走行に十分に対応できない面もあり、ドライバーも高速スピードでの運転に不慣れであった。このため、時速100キロ走行となると、ハンドルががたついたり、オーバーヒートしたりする車が続出したのである。

ただし当時の道路と自動車のエンジニア達もこのような現象が起こるであろうことを予測していたようである。だから彼らは、栗東~尼崎の開通「前」の時点で、京都郊外の山科工区4・3キロメートルに本線試験走路を設け、道路関係者と自動車関係者が協力して高速走行実験を約130日間にわたって行っている。走行実験の目的は、はたして国産の自動車が高速走行に十分耐えられるかどうか、また高速道路の設計や施工に問題がないかということであった。各社の国産車が高速走行した時の制動、振動、乗り心地、騒音、操縦性といった性能試験のほか、交通騒音試験、タイヤの横すべり試験、標識試験、夜間走行試験、燃料や油脂試験、タイヤ試験、人間工学関係など、多種多様な試験が繰り返された。[*10]

道路エンジニアは試験結果をもとに、道路設計や施工方法の改善に活かした。自動車エンジニアは試験で得られたデータを自動車の改善や性能向上に役立て、その後の日本車の飛躍的な性能向上に繋げた。

例えばトヨタ自動車株式会社はハイウエイ時代の幕開けとなった初の名神高速道路の開通にあわせ、あるキャンペーンを企画した。それは発売直後の新型コロナ3台を名神高速道路で連続10万キロメートル高速走行させることだった。昭和39年9月14日にスタートした新型コロナの走行状態はテレビやラジオを動員して放送され、話題の渦の中、見事58日間で10万キロメートルを完全走破した。[*11]

このように日本ではじめての高速道路の開通は、「外車に負けない100キロで連続走行できる国産車をつくる」という日本車の開発目標を定める契機となったのである。

ワトキンス調査団の批判

日本の高速道路網がどのように計画されてきたかについて、栗東~尼崎の完成からさらに時代を遡ってみることとしよう。

戦時中の昭和18年（1943年）、終戦の2年前に、当時の内務省土木局は、東京から神戸間を優先整備区間とする全長5790キロメートルの「全国自動車国道計画」を取りまとめた。しかし、戦局の悪化のため、この計画は断念せざるを得なかった。[*12]

写真4　劣悪な50年代の道路「米国ワトキンス調査団報告書」（出典　国土交通省）

昭和26年に中断されていた東京・神戸間の高速自動車道路計画はその実行に向け、取り組みが再開された。しかし、戦後復興で日本の財政は逼迫《ひっぱく》していた。そこで、日本政府は高速道路の整備の財源を世界銀行の借款で賄おうとした。世界銀行の借款を受けるために、昭和31年に道路を専門とするアメリカの経済学者ラルフ・J・ワトキンス氏を団長とする6名の世界銀行の道路調査団を日本に招いた。ワトキンス調査団が記した報告書の冒頭に次のような、日本の道路を痛烈に批判する記述がある。

「日本の道路は信じがたいほど悪い。工業国にして、これほど完全にその道路網を無視した国はほかにない」

この「ワトキンス調査団　名古屋・神戸高

速道路調査報告書」には、日本の道路の実態を写した写真4が掲載されているが、それほど当時の日本の道路事情は悪かったのだ。[*13]

世界銀行はこのワトキンス調査団の報告を受けて、名神高速道路の整備に円借款することを決定した。そして、昭和31年には有料道路整備を担う日本道路公団が設立され、昭和32年に国土開発縦貫自動車道建設法が成立し、日本の高速道路の整備が開始された。

昭和35年3月17日（日本時間18日）に世界銀行との間で期間23年、金利6・25％を条件に4000万ドル（144億円）の借款が調印された。当時の世界銀行としてははじめての有料道路に対する借款で、一つのプロジェクトとしての借款額も最大規模となった。名神高速道路の総事業費の試算は793億円であったから、その約20％を世界銀行の借款で賄うことができた。これが呼び水となり、国内での資金調達が円滑になされた。その後、名神・東名の建設のために昭和44年まで6回にわたり世界銀行から総額1368億円の借款を受けた。[*14]

元本・利子を完済したのはようやく平成2年であったという事実は、今や世界有数のODA出資国となった豊かな日本の若い世代には理解しがたいかもしれない。つまりわが国はほんの少し前まで、先進国とは呼べぬ水準にあった、極めて貧弱なインフラしか持たぬ国家だったのである。

「最高レベルの道路技術」の獲得

世界銀行の借款の効果は単に資金を得るだけではなかった。借款にあたって世界銀行からの調査団が次々と派遣され、その団員の一人がドイツの道路線形に関するコンサルタントのドルシェ氏であった。ドルシェ氏のアドバイスによって、名神高速道路の建設には当初からクロソイド曲線が採用された。クロソイド曲線は、車が一定の速度で走行する時に、ハンドルを一定の速さで回した時に描く曲線となるスムーズな線形である。クロソイド曲線の採用でドライバーの心理的問題も克服でき、合理的な線形だったため建設費の節約にもつながった。また、世界銀行との度重なる交渉の中で、インターチェンジの形状、横断構造物、土工単価、仕様書、国際入札等について知識を獲得していったことは、その後の日本の高速道路整備の大きな原動力になった。[*10]

世界銀行は資金を計画通り回収すればよいということだけでなく、名神高速道路の建設が、日本経済の発展を促進し、世界最高レベルの高速道路技術を得られる機会となるよう配慮したのだ。昭和44年5月26日に、東京、名古屋、大阪、神戸を結ぶ日本の大動脈、東名・名神高速道路540キロメートル全線が開通した。アポロ11号が人類初の月面有人着陸（7月20日）を果たした年でもあった。

開通式に、名神高速道路着工の功労者であるワトキンス氏が招待された。昭和31年に「工業国にして、完全に道路網を無視した国はない」と欧米工業先進国との比較の中で日本の道路事情を論じたワトキンス氏が、開通式の挨拶の中で「**日本の高速道路は信じがたいほどよい。かくも短期間に道路の建設をなしとげた国は世界に例がない**」と称賛した。[*15]この時、日本のエンジニアはこの上ない誇りと喜びを感じたことであろう。

東京・大阪間は、国道1号経由で十数時間もかかっていたが、東名・名神高速道路の開通により半分程度の時間で走行することができるようになった。この意義と効果ははかりしれないものであった。

東名・名神高速道路による繁栄

この開通により、東京、名古屋、大阪の三大都市圏の道路交通事情を著しく改善しただけでなく、高速道路の沿線の土地利用などに様々な変化をもたらした。

最も顕著な変化は、高速道路沿線内陸部への企業立地である。それまで港湾機能を活かして沿岸部に立地していた企業が、京浜工業地帯から厚木・相模原、東駿河湾工業地域から沼津・富士、中京工業地帯から一宮・小牧へと展開した。これらの進出企業の多くは、豊富で優秀な労働力と、地価の安さと、高速道路を利用した東京など大都市への交通の便を意識した立地であった。高速道路が内陸部への企業誘致の大きな要因となり、地域経済の発展、地域の人々の定住化を促進した。

一方、物流の面でも、高速道路利用による輸送は大量・高速・安定・長距離輸送を可能にすることから、大都市の中間地点である豊川・浜松などでは、物資の積み替えのためのトラックターミナルやトレーラーヤードが整備されはじめた。

幹線輸送を有機的に結びつけるために、都市近郊の厚木・小牧・栗東などでは、物流基地や流通センターの整備が急速に進められた。また、企業の在庫調整および配送拠点として、高速道路沿線に内陸型の倉庫が建設されたのもこの頃である。*10 高速道路が日本の経済成長の基盤として本格的な役割を果たし始めたことを物語っている。

具体的に言うなら、高速道路ができることで各企業は物流コストを引き下げることができると共に、より安い土地での立地が可能となることから、その面でも生産コストを引き下げることが可能となった。その結果、**高速道路のおかげで日本企業は「より安く、より良い製品」を生産することが可能となった**のであり、**これが日本企業の競争力の強化に繋がり**、それを通して日本の高度成長が導かれていくこととなったのである。

一方、農業面でも東京、大阪などの大消費地への時間的距離が大幅に短縮されたことに伴い、浜松地区でのメロン栽培に象徴される施設園芸、温暖な気候を利用した渥美地方の花卉《かき》など、**労働集約による土地生産性の高い商業的農業への転換**が各地でみられるようになった。

そして何より、高速道路網の整備によって、**沿線の人々は、その沿線に位置する様々な都市や産業の恩恵を受ける**ことが可能となり、その暮らしが大きく変化し、豊かなものへと変質していくことになった。そしてその「豊かな暮らし」を求める人々がまるで高速道路周辺に吸い寄せられるように、**三大都市圏を中心とした沿線の人口は雪だるま式に拡大**していったのである。

つまり、東名・名神高速道路を中心とした高速道路の整備があったからこそ、三大都市圏の産業の発展と、それを基盤とした人口集積が進んだのである。そして、戦後焼け野原だった日本が「経済大国日本」にまで上りつめたエンジンは、「三大都市圏」の経済活力であったのだから、畢竟《ひっきょう》、東名・名神高速道路が今日の日本の繁栄において欠くべからざる必須の国家装置であったことがわかる。つまりあの時、**日本の先人たちが東名・名神高速道路をつくりあげんとする気概を持たなかったとすれば、今の日本の繁栄などあり得なかった**のである。

だからこそ1万4000キロメートルの高規格幹線道路網の完成が間近になった今、先人が1万4000キロメートルの高規格幹線道路網を計画したように、今度はわれわれが次の世代のために「何を考え、何を計画するのか?」が問われ始めているのである。

第三節　交通インフラが日本の国土構造を決めた

国土の構造は130年で大きく変わった

道路や鉄道、港などの「交通インフラ」は、それぞれの都市の規模、さらには国土構造に決定的な影響を及ぼす。

まずは、図5―3をご覧いただきたい。

この図は、明治9年(1876年)時点での、人口が多い都市の1位から15位までの都市(つまり、人口ベスト15都市)を示している。

ご覧のように、現在でも、大都市であり続けている東京や大阪、名古屋といった都市もある一方で、現在では、必ずしも「大都市」と言われなくなった、和歌山や徳島、富山といったかつての大都市も、数多くあることがわかる。

一方、図5―4は、現在の大都市を示している。この地図は、平成22年(2010年)時点の東京、ならびに、政令指定都市を示している。

ご覧のように、両者は一部共通する部分もあるが、大きく様変わりしていることがわかる。その130年あまりの間に、かつて大都市だったのに今はそうでなくなった和歌山や徳島などの都市もあれば、その逆もある。つまり、静岡や新潟、岡山、福岡などはいずれも、かつては大都市ではなかったが、現在は大都市となっている。

そしてかつての明治期においては大都市群は全国各地に分散していたのだが、今は、「太平洋ベルト」を中心とした一部のエリアに集中しているのである。

つまり、**明治期から平成に至るこの130年あまりの間に、国土構造は大きく様変わりしたの**

図5—3　明治9年の時点における人口ベスト15都市（資料提供：波床正敏大阪産業大学教授）

図5—4　現代の大都市（政令指定都市および東京、資料提供：波床正敏大阪産業大学教授）

である。

江戸期までの国土構造を決定したもの

では、この国土構造の変化は、いったい何によってもたらされたのかと言えば――それは、「**枢要な交通インフラの変化**」**によってもたらされた**のである。すなわち、**かつては「舟運ネットワーク」に接続されている街が発展**したのである。

まず、図5―3に示してあるように、明治9年の大都市群は、いずれも、「舟運」のための港を持つ街であった。

いずれの大都市も「臨海都市」であり、江戸時代に「北前船」が就航していた街である。唯一の例外は京都であるが、京都もまた、角倉了以が整備した運河、高瀬川（第四章第三節参照）を通して、舟運が京都の街の中心部にまで物流線が到達可能な街であった。

無論、江戸期においても、街道を使った陸路の物流も可能であったが、その輸送能力は舟運のそれに比して圧倒的に小さなものだった。舟運は、いったん船に乗せることができれば、自然の風の力も使いながら、一度に大量の物資を運搬することが可能だったのである。

そして、そんな舟運のための港がある街には、日本中の物資が届けられた。それがその港周辺地域の居住地、消費地としての魅力を高め、人口集積の景気を与えることとなった。同時に、そんな街でつくられた商品は、日本最大の消費地であった江戸と日本中の街々に届けることが可能となった。例えば伏見や神戸の酒は、北前船を通して江戸をはじめとした日本中の街々に届けられた。このことはつまり、舟運ネットワークに接続された街々の産業は、自分自身の街周辺だけを「商圏」とするのではなく、**日本中を「商圏」に収めることが可能だった**のであり、より大きく発展していくことが可能だったのである。

なお、そうして発展した産業を支えるために多くの人々がその街に住むことになるが、その人々は、自分自身の街でつくられた製品だけでなく、北前船で運ばれる日本中の製品を消費することが可能となったのである。

つまり、**舟運ネットワークに接続された街は、消費と産業の双方において圧倒的に有利となり、それ以外の街々よりも自ずと、より大きく発展し拡大していった**のである。

国土構造と新幹線ネットワーク

一方で、政令指定都市を現代の大都市群であると想定すれば、現代では「新幹線ネットワーク」に接続されている街が発展したという実態が、図5—4と図5—5よりわかる。

詳しく見てみよう。まず、和歌山、徳島、富山、金沢、熊本、鹿児島、函館の7都市は、明治期には人口ベスト15都市であったにもかかわらず、現代では「衰退」してしまい大都市の地位から脱落してしまった。

一方で、明治期には「人口ベスト15都市」には含まれていなかった千葉、相模原、川崎、静岡、浜松、新潟、堺、岡山、北九州、福岡、札幌といった11都市は、いずれも、現代において大いに

「発展」し、大都市へと成長した。

では、**近代日本における都市の「発展」と「衰退」を分けたものはいったい何だったかと言えば、その最大のものが「新幹線の有無」なのである。**[*3]

図5—5に、平成22年時点の新幹線ネットワークと、同時点の政令指定都市を示す。

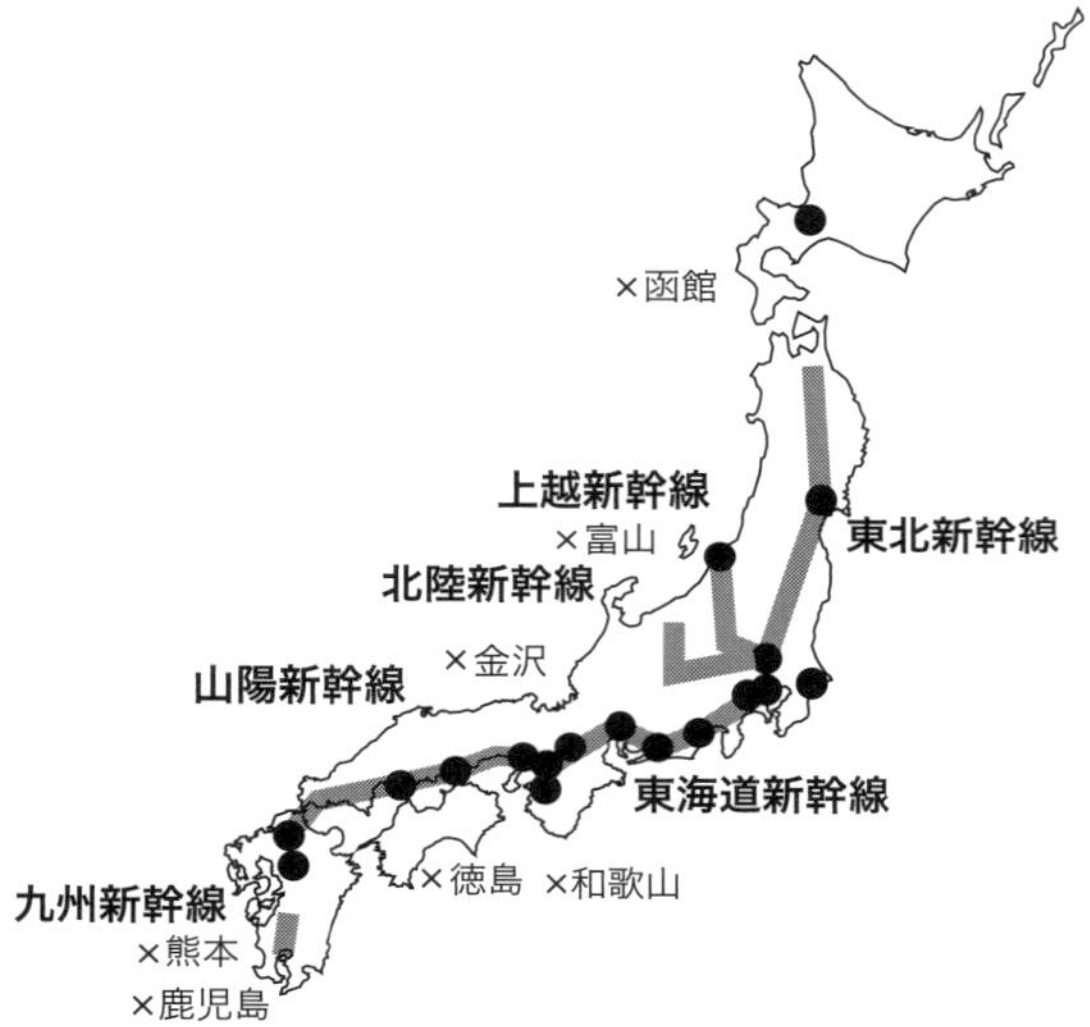

図5—5　現代の大都市（政令指定都市および東京）と明治期から衰退した諸都市と、新幹線（平成 22 年時点、資料提供:波床正敏大阪産業大学教授）

ご覧のように、（道州制特区の州都に選ばれた札幌という唯一の例外を除く）18の**政令指定都市は全て、新幹線の沿線都市圏**に位置していることがわかる。

もうこれだけで新幹線が、大都市の形成にとって極めて重要な意義を持っていたことがわかるが、より詳しく見ていくと、次のような事実が見えてくる。

第一に、かつても今も、大都市であり続けている東京、大阪、名古屋、京都、横浜、神戸、仙台、広島はいずれも、**新幹線の沿線都市圏**に位置した街々だ。

第二に、先に指摘した「明治期から発展した千葉、相模原、川崎、静岡、浜松、新潟、堺、岡山、北九州、福岡、札幌の11都市」もまた（先に述べた札幌という唯一の例外を除いて）、いずれも**新幹線の沿線都市圏**に位置している。

そして第三に、同じく先に指摘した和歌山、徳島、富山、金沢、熊本、鹿児島、函館の「**明治期から衰退した7つの都市**」**はいずれも（少なくとも平成22年時点までは）、新幹線が通っていない都市**だったことがわかる。

これらの事実は「**新幹線の整備投資が行われた都市は『発展』し、新幹線の整備投資が行われなかった都市は大なる可能性で『衰退』していった**」、という実態を実証的に示している。つまり、**新幹線ネットワークが整備されたところに大都市が「集まって」いく一方で、整備されなかったところは大都市がなくなっていった**のである。その結果、太平洋側に大都市が集中し、日本海側は過疎化しているという「今日の国土構造」ができあがっていった。今日の国土構造を決定づけているのは、新幹線ネットワークの形状だったのである。

交通インフラの意味

ところで、都市規模は交通インフラ要因だけでなく、政治的要因（例えば、札幌が新幹線がなくても政令市であるのは道州制特区の州都だからだ）や、産業的要因（金沢がかつて大都市であったのは、百万石とも言われた強力な農業生産力を持つ地であったことが大きな原因となっている）にも、当然ながら影響を受けるものではある。しかし以上の大都市の変遷の実態が示しているのは、そうした交通インフラ以外の影響を差し引いてもなお、交通インフラ要因が都市規模に決定的に重大な意味を持っているという実態であった。

そしてとりわけ、以上の議論は、前近代の江戸期までの時代において都市の盛衰をわけたものは「舟運ネットワーク」に接続していたか否かであったことを示している。それと同時に、それ以後は交通運輸の技術イノベーションが進み、人流や物流の様相が変遷していくにつれて、陸路のネットワークが、都市の発展にとって大きな意味を持つようになっていったことを示している。

もちろん、今日においても港湾の舟運ネットワークは活用されており、都市形成において重要な役割を担っている。しかし今日の物流はトラック輸送が主流となり、高速道路ネットワークの方がより大きな意味を持つに至っている。

さらに、今日では生産地と居住地の分離が進み、必ずしも生産施設が多い（例えば臨海部の）工業地帯に多くの人々が住むとは限らなくなっていることから、都市の人口集積において、高速道路を中心とした「物流輸送ネットワーク」との接続性よりも、新幹線を中心とした「人流交通ネットワーク」との接続性がより大きな意味を持つに至ったものと考えることができる。さらに、産業構造が三次産業が重視されていくようになったことも、人流交通ネットワークとの接続性が、都市形成により大きな意味を持つようになっていった重要な要因となっている。

こうした背景から、今日においては、短時間で大量の人々を輸送することが可能な新幹線ネットワークに組み込まれたか否かが、それぞれの都市の栄枯盛衰を分かつ要因となっているのであり、その形状が国土構造を決定づけるほどの巨大な影響力を持つに至ったのである。

そして言うまでもなく、いかなる新幹線ネットワークをつくりあげていくのかという事業は、土木事業そのものだ。そうである以上、**土木の力こそが、われわれが住むこの国土の構造を決定づけているのである。**

第四節　「国民統合」をもたらした東海道新幹線

東海道新幹線なくして経済的繁栄なし

先の節で紹介したように、新幹線は現代の日本の国土構造を決定づけるほどの甚大な影響力を持っている。中でもとりわけ甚大な影響を及ぼしたのが、東京・大阪・名古屋の三大都市圏を結ぶ「**東海道新幹線**」だ。

もし東海道新幹線がなければ、60年代、70年代の高度成長も、その後のバブル景気もなく、「日本が経済大国」と呼ばれるほどの経済力を今日も保持し続けていることはできなかったとすら考えることができるだろう。本稿では、『新幹線とナショナリズム』(藤井聡著)で論じられている、新幹線と国民統合とがいかに関連しているのかを紹介することとしたい。

そもそも東海道新幹線の東京~新大阪間の利用者は**年間おおよそ4000万人**。もしも東海道新幹線がなければ、東京~新大阪間は現状の所要時間が2時間半のところ、2倍の約5時間となる。結果、東京・大阪間でこれだけ活発な交流がなかったことは明白だ。

同様に、東海道新幹線を様々な区間で利用する旅客数を全てあわせれば、**年間約1・6億人**。東海道新幹線がもしなければ、この1・6億人の移動によって展開されていた様々なビジネスや観光等の相当部分が「消失」していたであろうし、仮に消失していなかったとしても移動時間が延びることで、その活動の質が大幅に劣化していたことは間違いない。だから**東海道新幹線がもしもなければ、日本が今日のように経済的に繁栄することは困難であったと考えざるを得ない**のである。

「ナショナリズム」が完成させた

ただし、東海道新幹線の整備効果は、こうした一次的な経済効果のみにとどまるものではない。その整備によって日本経済の経済上の効率が飛躍的に向上したのみならず、**日本全体の国民統合が促進され**、経済活力を含めた「**日本国民としての活力**」**それ自身が大きく活性化されること**となったのである。

以下、そうした様子を順をおって解説しよう。

そもそも「東海道新幹線」をつくろうという計画は、敗戦からちょうど10年が経過した昭和30年に生まれた。

昭和30年（1955年）と言えば、「焼け野原」からの戦後復興の段階を終えてちょうど高度成長にさしかかった頃。経済企画庁が発表した『経済白書』に、「もはや戦後ではない」という言葉が掲載されたのも、ちょうどその頃だ。

当時、そうした高度成長が進むにつれて国民相互間の交流が大きく活性化していき、東海道における輸送需要が年々増加し、既存の在来線だけでは対応することが困難となっていった。そしてそんな課題への対応策として十河《そごう》国鉄総裁によって提案されたのが、東京～大阪を3時間以内でつなげる「**東海道新幹線構想**」だった。

十河総裁がこの構想の具体的内容を公表した時、各新聞はこぞって好意的に大きく報道した。特に日本の国内最高速度は時速95キロ、世界記録でもアメリカのペンシルベニア鉄道の時速153キロメートルであったところ、その約1・6倍のスピードである時速「250キロ」を目指すという新幹線構想は大きな衝撃を与えた。

結果、新幹線待望論が国民的に巻き起こっていくのであるが、そんな中で重要な意味を担ったのが、「**夢の超特急**」というキャッチフレーズであった。

例えば読売新聞は「〝夢の超特急〟はこれらの記録（注／アメリカやフランスの世界記録）を二倍近く上げるのだから、世界の鉄道にとってもいかに驚異的なものであるかがわかる」「その構想の雄大で計画の意欲的であること、戦後の起業にまれに見るものと言わざるを得ない」と伝え、朝日新聞は、「近い将来文字通り世界一の列車が新しい線路の上を走る日の来ることを確信している」と伝えた。そして産経新聞は、「この広軌新線の計画は、まさに平和国家としての日本の象徴たる大事業ともいえるのである。その意味でも、終戦後、打ちひしがれた日本国民の明るい希望をみたすものといえるであろう」「ともかく夢である。しかし、実現させねばならぬ夢である」と報じている。

昭和30年代当時、日本国民は第二次大戦の敗戦によって日本の誇りが大いに踏みにじられ、日本は欧米よりも劣る「下」の存在にしか過ぎないのではないかという大いなる不安にさいなまれていた時代だった。そんな中で「世界一の列車をつくる」という構想は、そんな劣等感を一気に払拭しうるものだったのである。とりわけアメリカ、フランスの鉄道のスピード記録を2倍近くもの水準で塗り替えるという事実は、当時の日本国民にしてみれば、日本を徹底的に打ち負かしたあの欧米の技術力を、日本の技術力が「ぶっちぎり」で打ち負かすことを意味していた。

すなわち、当時の日本国民にとっては、「東海道の輸送難を解消する」とか「東京〜大阪間を3時間で結ぶ」という即物的な側面が重要であったこともさることながら、**「日本人としての誇り（ナショナルプライド）を取り戻してくれる」という極めてナショナリスティックな側面**の方がむしろ重要な意味をもっていたのである。だからこそ新幹線は「夢の超特急」だったのであり、だからこそ国民はその実現を熱狂的に支持したのである。

そして、昭和33年12月、こうした国民世論の熱狂的な後押しを受け、政府は東海道新幹線の早期着工、短期完成を決定するに至る。それは十河総裁が、その構想の具体的な検討をはじめてからわずか3年後のことであった。なお、完成はそれから6年後の昭和39年10月。つまり、**東海道新幹線は、構想からわずか10年**足らずで完成したのである。

今、わが国の全国各地の新幹線構想は何十年間も「たなざらし」にされ、放置され続けているが、巨大なインフラプロジェクトは、国民の熱狂的な支持、すなわち、国民意識＝ナショナリズムの大きなうねりがあれば、わずか数年で、実現可能なものとなることがわかる。

「国力高揚」に貢献

ところで、例えば中学や高校のクラスが、文化祭のイベントを皆で協力して行うことで、「クラスとしてのまとまり」が一気にできあがるということがしばしばある。そして、「クラスとしてのまとまり」がひとたびできれば、その後様々な共同作業が円滑に行われるようになり、クラスとしてのパフォーマンスが上がり、次の体育祭等で優秀な成績を残すことが可能となったりする。

社会学ではこうした「まとまり」は、（社会学的）「**凝集性**」と言われる。そして、その凝集性は（文化祭などでの）共同作業を通して高まると同時に、（体育祭などでの）共同作業のパフォーマンスを向上させる効果を発揮することとなる。そしてひとたびそうした凝集性が高まれば、（例えばそのクラス独自のオリジナルTシャツをつくるなどの）象徴的活動が誘発され、そうやってつくられた象徴がさらに凝集性を高める効果を発揮することとなる。

これと同じことが「国民国家」の次元でも生じ得る。

この「夢の超特急・新幹線の整備」というナショナル・プロジェクトは、日本国民全体の凝集性を大いに向上させた。この国民全体の凝集性は、しばしば「**国民統合**」あるいは「**ナショナリズム**」とも呼ばれるが、これらの言葉を使うなら、新幹線プロジェクトが国民統合を高め、ナショナリズムを高揚させたのである。

新幹線は、「高速交通ネットワーク」として日本を経済的側面から活性化し、日本を高度成長に導いたわけだが、それに加えて（東京オリンピックと共に）「夢の超特急」として社会学的側面から

写真５　現代日本を象徴する一枚の写真（富士山と新幹線の写真の一例。写真提供　産経新聞社）

国民統合を促し、ナショナリズムを高揚させ、日本の活力それ自体を高めることを通して日本の高度成長を牽引した、という側面もあったのである。

そして新幹線は今もなお、日本を象徴する「ナショナル・シンボル」であり続けている。もちろん日本を海外にアピールするとき、その中心になるのは伝統的な「日本らしさ」だが、それと同時に現代の日本は、世界最先端の技術を持つ「技術立国」でもあり、これが今の**日本人のナショナルプライド**（**日本国民としての誇り**）**の主要な要素**構成となっている。そしてそんな日本という国の「古さ」と「新しさ」の双方を兼ね備えたイメージショットとして繰り返し使われてきたのが「富士山と新幹線」の写真だった（写真５参照）。古き良き日本を象徴するＦＵＪＩＹＡＭＡ（富士山）と、新しい技術立国としての日本を象徴する

「新幹線」が同時に写り込んだ写真は、日本とはどういう国かを一目でアピールできる、極めて象徴的なイメージショットとなっているのである。

つまり、新幹線は第一に、高速大量輸送インフラとして**日本経済を支えた**のみならず、第二に、その整備を国家プロジェクトとして推進したことで**国民統合を促し**、日本の活力を高め、**国力高揚に貢献**したのみならず、第三に、世界に冠たる**技術立国日本の象徴＝シンボル**として、今もなお**日本人のナショナルプライドの源泉**であり続けている——という形で、日本近現代史において大きくかつ、多面的な役割を担ったのである。

つまりこの新幹線プロジェクトにみられるように、**国家的な大きな土木プロジェクトは時に、日本国家全体に経済的にも社会的にも極めて大きな意義を持ちうる**ものなのである。

【参考文献】

＊1　沢本守幸『公共投資100年の歩み』大成出版社、1981

＊2　日本史籍協会編『続日本史籍協会叢書16　大隈伯昔日譚（二）オンデマンド版』東京大学出版会、2016

＊3　藤井聡『新幹線とナショナリズム』朝日新書、2013

＊4　老川慶喜『日本鉄道史　幕末・明治篇』中公新書、2014

＊5　若井登・高橋雄造『てれこむノ夜明ケ　黎明期の本邦電気通信史』電気通信振興会、1994

＊6　田中時彦『明治維新の政局と鉄道建設』吉川弘文館、1963

＊7　安藤優一郎『「街道」で読み解く日本史の謎』

ＰＨＰ文庫、２０１６

＊8 鉄道院『本邦鉄道の社会及経済に及ぼせる影響』（上巻）、１９１６年

＊9 国土交通省「平成30年度道路関係予算概算要求概要」、２０１７

＊10 『高速道路五十年史』編集委員会編『高速道路五十年史』東日本高速道路、２０１６

＊11 トヨタ自動車株式会社『トヨタ自動車75年史』、２０１３

＊12 片平信貴「名神高速道路の一部完成までをかえりみて」、『道路』昭和38年8月号、１９６３

＊13 ワトキンス調査団「ワトキンスレポート（日本国政府建設省に対する名古屋・神戸高速道路調査報告書）」建設省道路局、１９５６

＊14 岸道三他座談会「世界銀行借款成立の経緯について」、『道路』昭和35年7月号、１９６０

＊15 斉藤義治「海外技術の導入」、『日本道路公団社内報　道しるべ』昭和48年11月号、１９７３

第六章

日本の未来と土木

第一節　現代日本の「衰退」の原因

80年代から半減した日本の土木

この章では、日本の未来を切り開く土木、あるいは、インフラ投資のあり方について、考えてみることとしたい。本節ではその皮切りに、今日の日本の土木を取り巻く状況について改めて概観する。

そもそも現代においては、道路や港、鉄道などの土木は、その影響範囲が大きいことから、中央政府や自治体を含めた「政府」が「公共投資」として行うことが一般的だ。図6―1は、そうした政府による公共投資金額が、日本のGDP（国内総生産）に占める割合を示す。GDPとは、国内のあらゆる主体の「所得」あるいは「支出」の合計値であり、2016年（平成28年）時点で537兆円となっている。

ご覧のように、1980年当時、わが国の公共投資の対GDP比率が8％であった。つまり、日本国内でのあらゆる主体による支出のうち、8％が政府による公共投資（主として土木）に支出されていたわけである。

その後増減を繰り返しながらも、全体のトレンドとしては一貫して公共投資は削減され続けてきた。2008年におおよそ3％程度にまで下落し、その後は幾分挽回する傾向も見られるが、そ

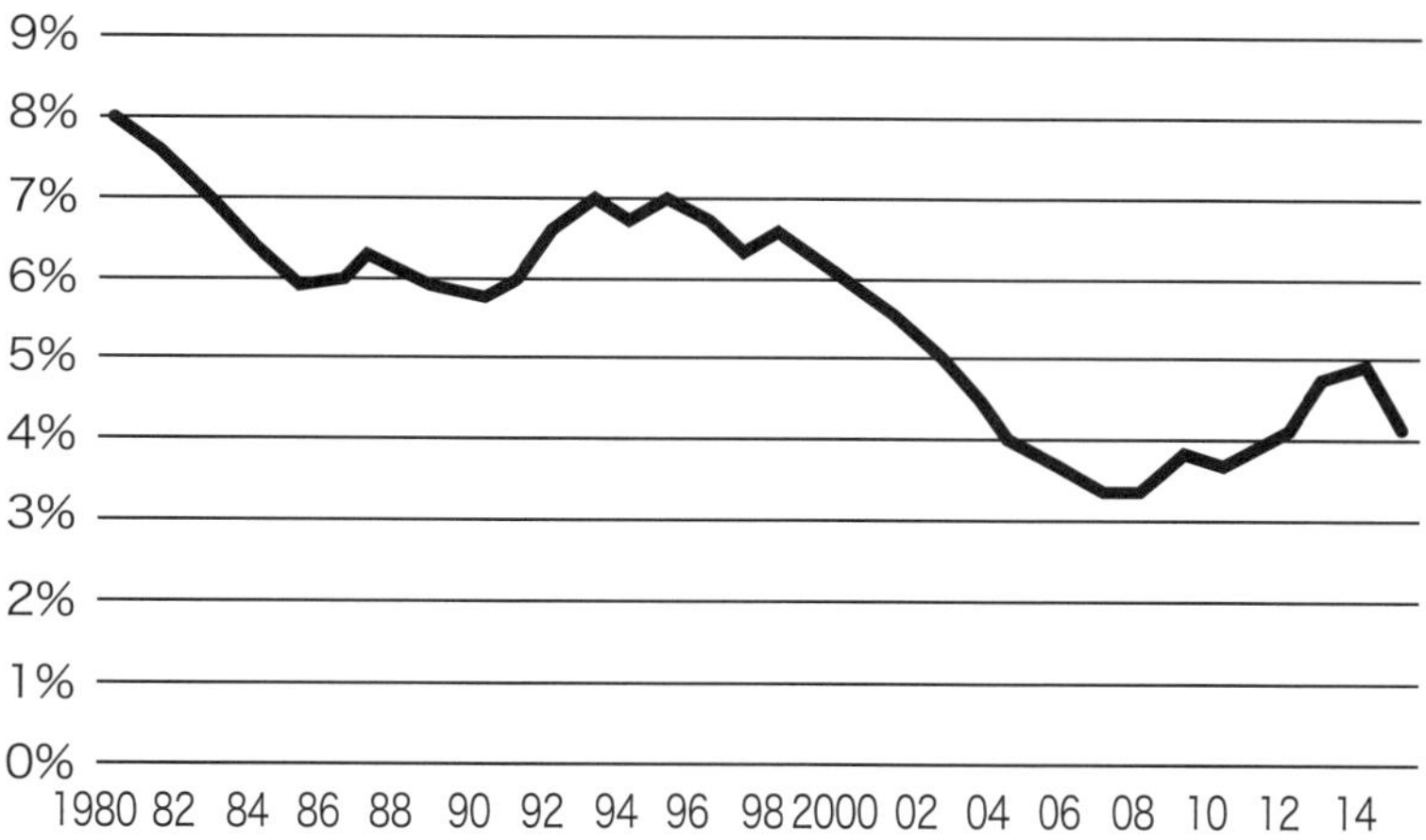

図6－1　政府系の建設投資（公共投資）の対 GDP 比率の推移

れでもかつての水準に比べれば、半分程度の水準にまで下落している様子がわかる。

日本の交通インフラは「最低」

公共投資の水準がこれほどに低迷してきているということは、インフラ投資の整備速度が、大きく「スローダウン」してきたことを意味している。

しばしば、高度成長期以前に比して、日本のインフラが十分に整備されてきたため、こうした土木の縮小は必然的だと指摘される。

それでは、実際に日本のインフラが十分に整備されているのか否かを確認してみることとしよう。

図6―2は、代表的な公共的インフラの一つである高速道路の整備水準の、主要先進7カ国の比較のグラフだ。このグラフは、自動車1万台あたりの高速道路の総延長を示している。ご

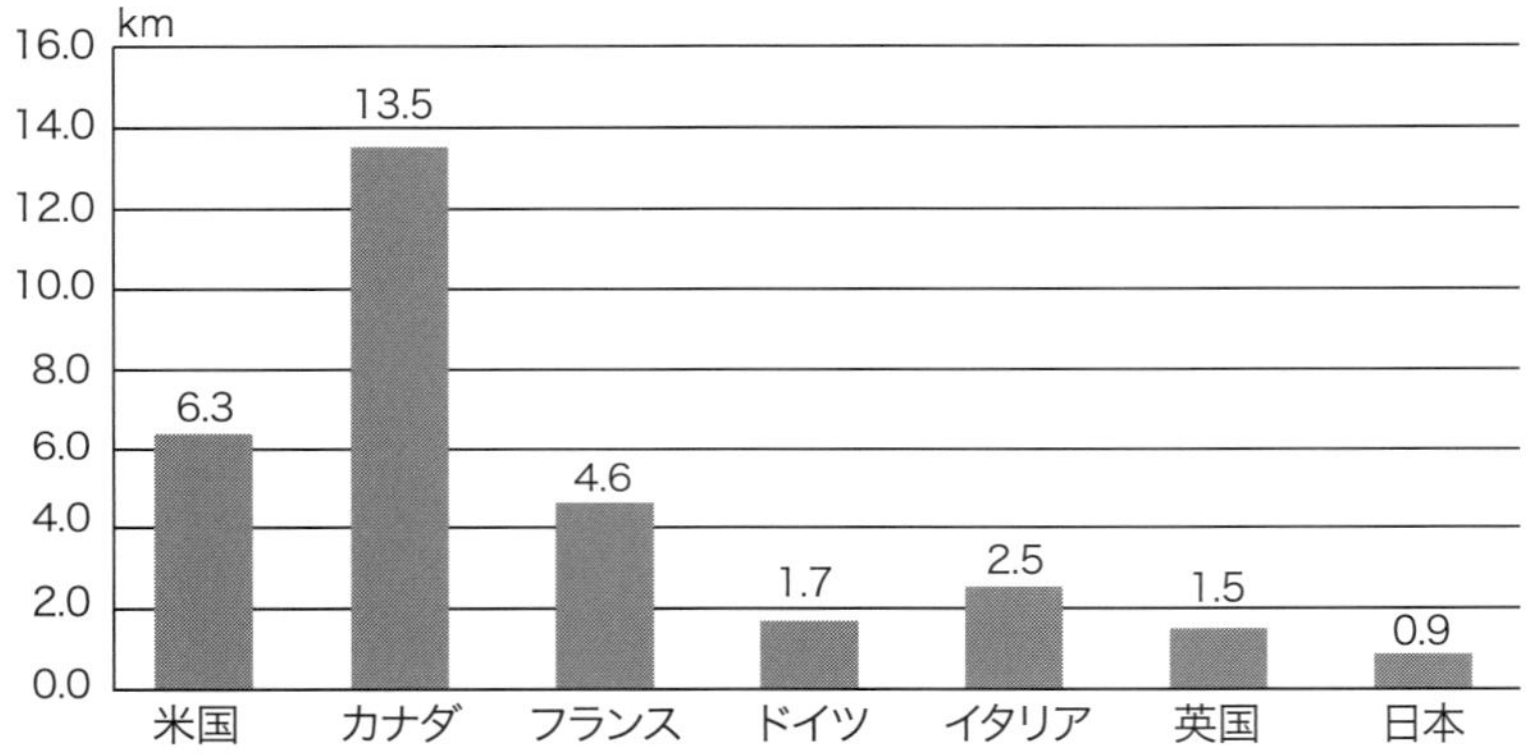

図6－2　保有台数1万台あたりの高速道路延長（出典　藤井聡『公共事業が日本を救う』文春新書）

覧のように日本の整備水準は、先進国中「**最下位**」であることがわかる。[*1]

一方、高速道路の「延長」でなくて「車線数」に着目した国際比較を行ったのが図6—3だ。ご覧のように、ここに挙げた諸国の中で日本ほどに、少ない車線数の（＝細い）高速道路を整備し続けている国は他に一つもないことがわかる。日本の高速道路は主要先進国の中で、延長の点からも車線数の点からも、**〝断トツ〟**の「**最下位**」なのである。[*2]

次に、もう一つの重要インフラ、新幹線について確認してみよう。

新幹線といえば、そもそも日本が開発した技術。だから、新幹線が最初にできた半世紀前、日本は文字通り、世界最先端の国だった。ただし、平成22年時点において「20万人以上の人口をかかえているにもかかわらず、新幹線が接続されていない都市」は実に21に及ぶ

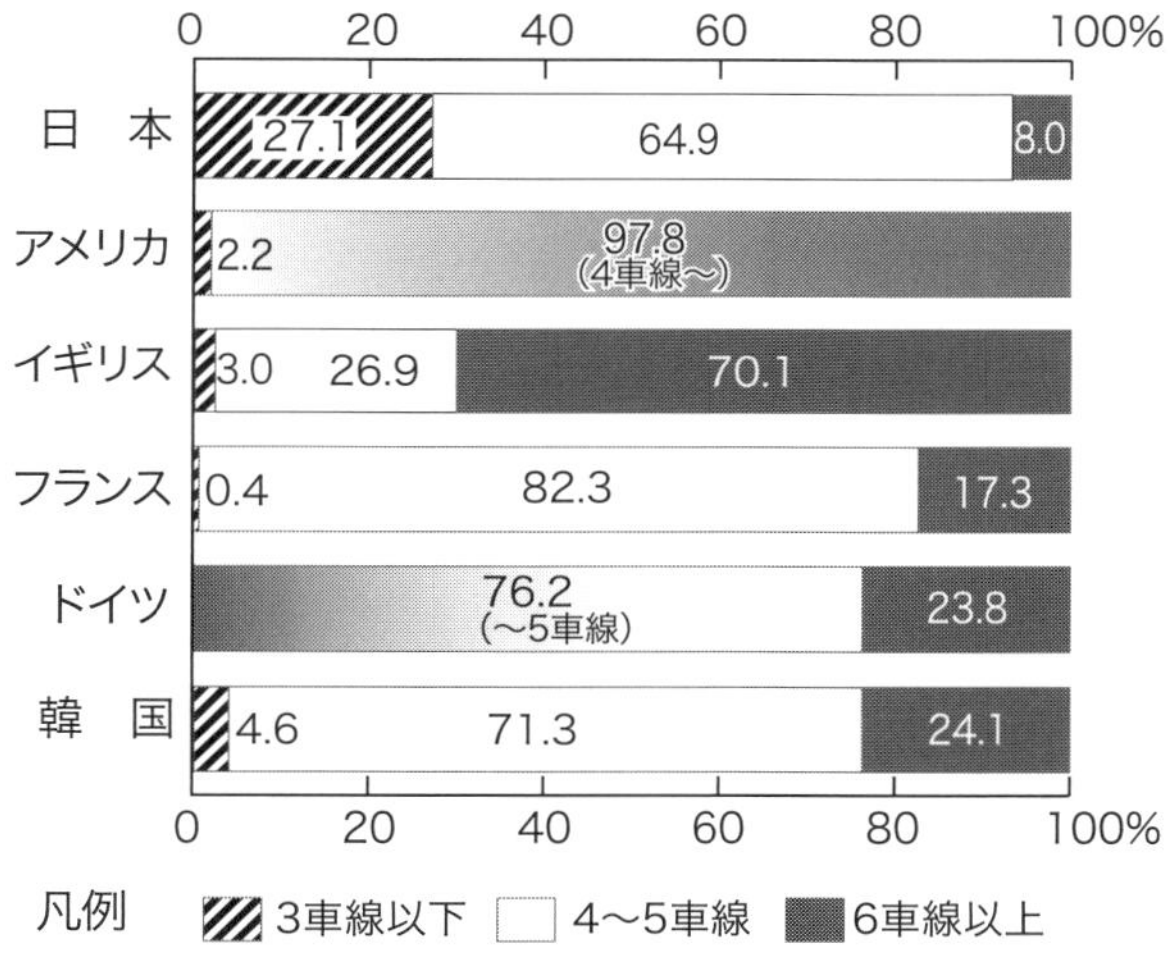

図6−3　高速道路（規格の高い道路）の車線別延長の構成比（出典　藤井聡『超インフラ論』PHP 新書）

のが実情だ。

一方で新幹線の整備については、欧州勢は長らく日本の後塵を拝していたのだが、フランスやドイツは「日本に追いつけ、追い越せ」とばかりに、新幹線の技術開発を行い、全国で新幹線の整備をすすめていった。そして、20万以上の人口をかかえたほとんど全ての都市に新幹線を整備していった。

結果、20万以上の人口を抱えているものの新幹線が未だ整備されていない都市は、フランスではオルレアンとクレルモンフェランの2都市だけ、ドイツではケムニッツ、ただ1都市だけ、となっている（ちなみに、ドイツとフランスの人口を合わせれば、日本よりも多い）。日本では21もの20万人以上の都市が未整備であるのに比べれば、雲泥の差だ。

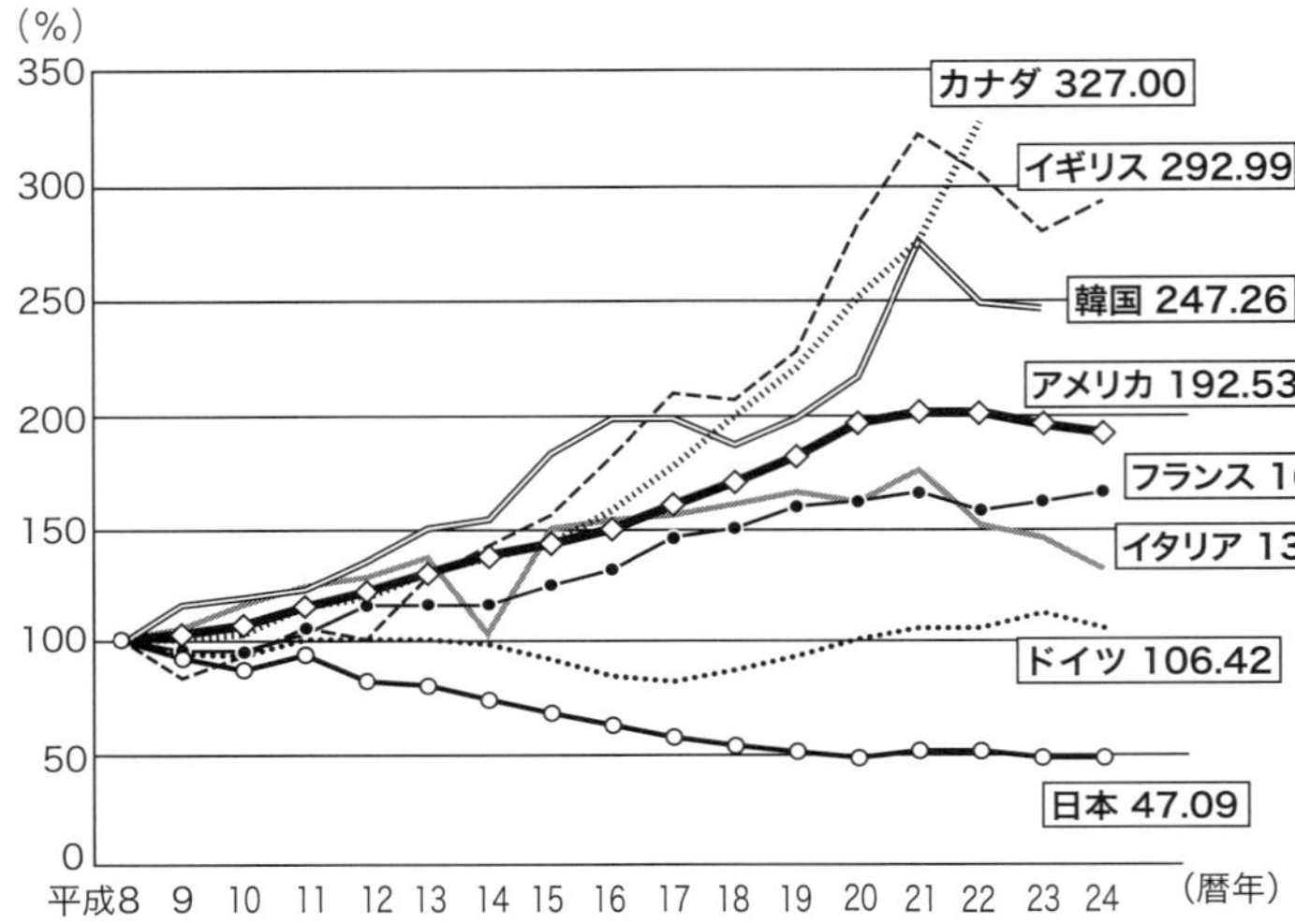

図6－4　主要各国の公的固定資本形成（政府のインフラ政策のための費用）の推移（出典　OECD.Stat より作成、平成８年度の水準を規準とした場合、2018 年1月 29 日時点）

土木を縮小させた唯一の先進国家

このように、日本は先進諸外国に比して、インフラ整備水準は圧倒的に低い水準にある。にもかかわらず、本節冒頭で指摘したように、公共投資を削減し続けている。もし諸外国も日本と同様、「先進国になったのだからインフラ投資は縮小していこう」としているのなら、日本と先進諸外国との格差がこれ以上拡大していくこともないのであろうが――残念ながら図6―4に示したように、諸大国はインフラ投資を、過去20年の間にさらに加速させているのが実態なのである。ご覧のように、これらの国々の中で日本以外にインフラ投資水準を削減させた国など一つもない。アメリカは約2倍、イギリスやカナダに至っては、3倍前後にまでインフラ投資水準を加速させているのである。

つまり、「**先進国になればもうインフラ投資は不要となる**」というイメージは完全な「**事実誤認**」**であり、日本のようにインフラ投資を縮小させ「土木」という営為をスローダウンさせている主要先進国家など存在していないのが実態なのである。**

本書では土木を通したインフラ投資が、どれだけ地域や国家の繁栄にとって重要であるかの事例を繰り返し紹介してきた。これらの知見に基づくなら、**土木を蔑ろにする日本は、確実にその国力を衰退させていくであろうことは間違いない。**事実、図6―5および図6―6に示したように、わが国一国だけが、ちょうどインフラ投資を縮小させはじめた90年代中盤（平成8年前後）から、国家的経済力の指標であるGDPが激しく縮小しているのが実態なのである。

一般に土木による経済効果は、「**ストック効果**」と「**フロー効果**」に分類される。

「**ストック効果**」とは、「**土木によってできあがったインフラ（＝ストック）がもたらす経済効果**」である。例えば本書で紹介したように、灌漑によって四大文明が生まれたことも、農業土木によって日本で稲作文化が育まれたことも、道路と水道の整備によってローマが繁栄したことも、あるいは近代において東名・名神高速道路や東海道新幹線によって日本の高度成長がもたらされたことも皆、それぞれのインフラの「ストック効果」である。

一方で、「フロー効果」とは「**土木を行うことで、資金（＝キャッシュ「フロー」）が市場に注入されることを通して、経済が活性化する効果**」である。本書で紹介した事例で言えば、世界恐慌の大不況で経済が低迷していたアメリカを救い出すためにルーズベルト大統領が断行したニュー

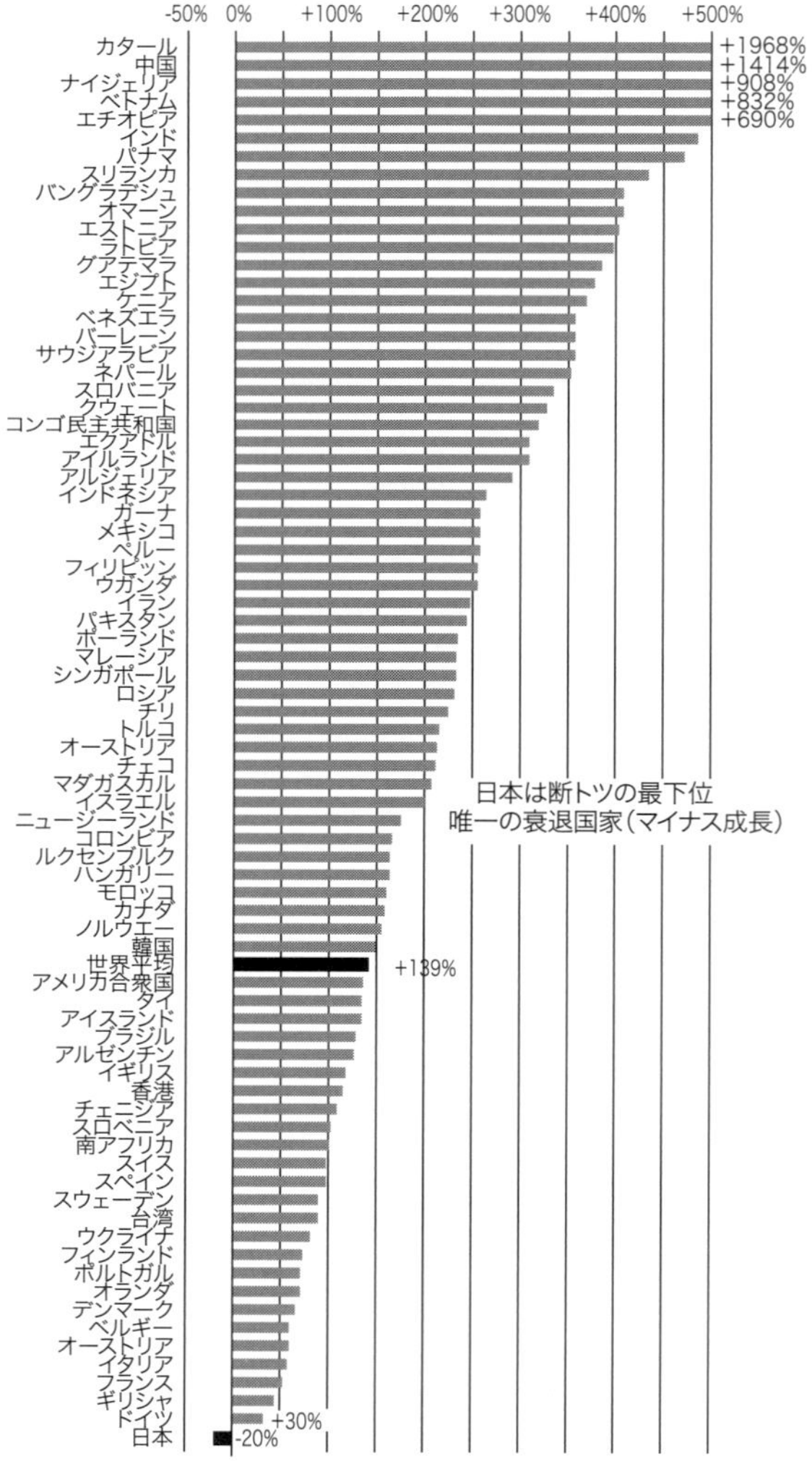

図６－５　世界各国の「20年間経済成長率」のランキング
（出典　日本銀行）

ディール政策による景気浮揚効果や、浜口梧陵が堤防事業によって安政南海地震で消滅しかけていた広村を再生させた効果などはいずれも土木によるフロー効果の代表的事例である（無論、その両事例ともに大きなストック効果が得られていることも、忘れてはならないが）。

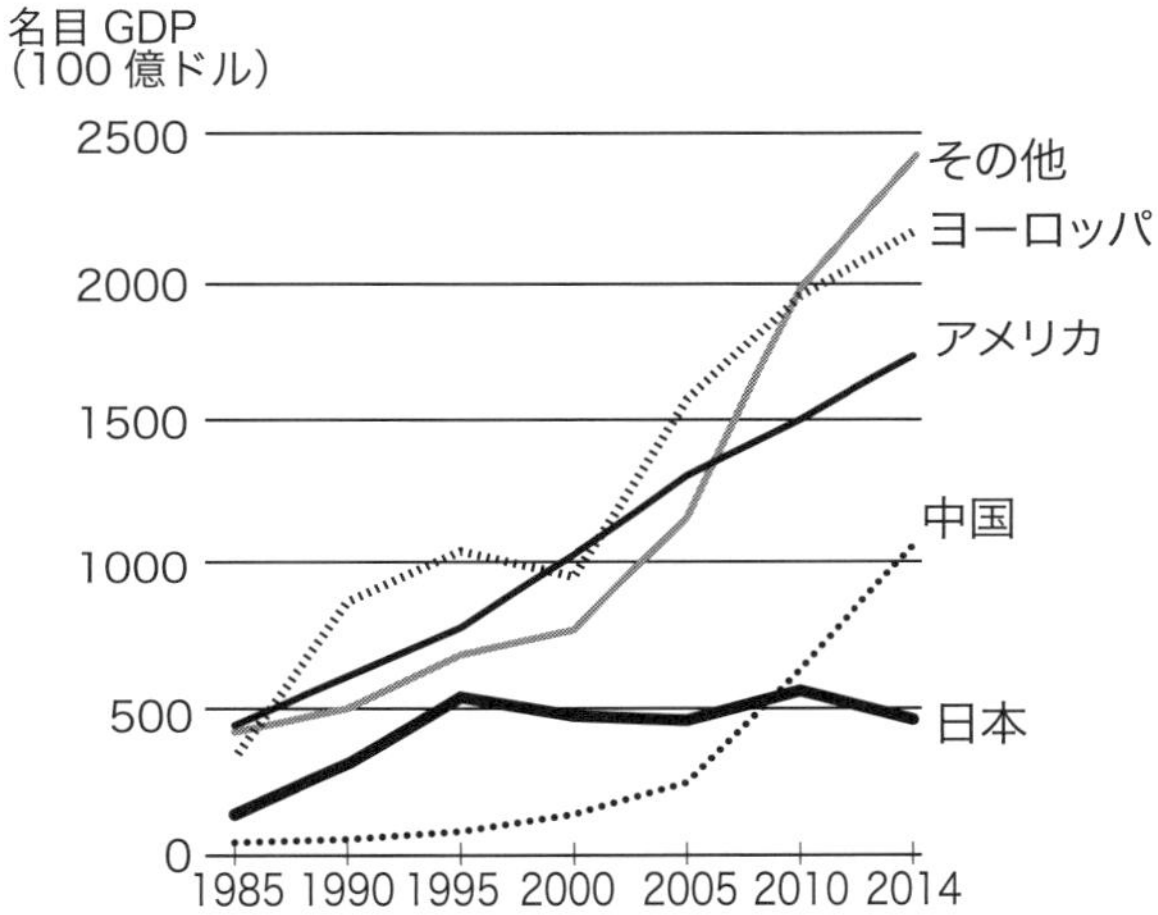

図6－6　全世界のエリア別の名目 GDP の推移（ドル建て）
（出典　日本銀行）

おりしも、90年代から経済が衰退していく（デフレ）不況に陥っている日本では、ニューディール政策や広村の事例のような大規模な投資を通したフロー効果がとりわけ重要な意味を持つ状況であった。それにもかかわらず、図6―4のように政府投資を半分以下に削減し続けたため、不況から脱却が困難な状況となってしまった。それに加えて、上述のストック効果も諸外国に比べて縮小していく一方となった。

その結果、図6―6のように、90年代中盤から日本のGDPは停滞し、むしろ徐々に衰退していくこととなってしまった。ところが、順調にインフラ投資を拡大させていった主要先進国をはじめとした世界各国は、着実に経済成長を果たしていった。その結果、90年代には17％を超えていた日本の名目ＧＤＰシェアは、その3分の1の5％台にまで凋落してしまったのである。

つまり、**土木を蔑ろにし始めた日本は、必然的に世界で取り残され、没落していく他なくなったのである。**

そして、だからこそ、**日本の明るい未来を切り開くためには、これからいかに「土木」を展開していくかが最大の鍵**だと考えることができるのである。

第二節　東京一極集中と地方疲弊の理由

首都への一極集中は日本だけ

世界中の国々が公共インフラ投資を進める中、日本一国が土木によるインフラ投資をスローダウンさせていったことで、日本の成長力が大幅に低下し、日本の国力が激しく凋落し続けている――これが前節で主張したことだが、インフラ投資のスローダウンは、日本の国土構造に大きな変化をもたらしている。

東京一極集中の進行である。

図6―7をご覧いただきたい。首相先進国の主要都市の人口シェアの推移のグラフだが、世界中の主要都市の人口シェアがほぼ横ばいで推移している中、唯一、東京だけが、この半世紀以上

の間、上昇し続けている。

しばしば日本国内では、東京一極集中が進むのは、それが首都であるが故の必然的帰結なのだと指摘されるが、それは間違いだ。他の首都にそんな人口集中の進行は見られないからだ。国会があろうが、中央政府機関があろうが、あるいはそこが経済や金融の中心都市であろうが、人口集中が進むわけではないのだ。

ではなぜ東京にだけ一極集中が進行するのかと言えば――これまでの研究を踏まえれば「インフラの一極集中投資」が進められているからだと考えざるを得ない。*2

そもそも、わが国の「インフラの一極集中投資」は、主要先進諸国の中で突出している。例えば高速道路についていうなら、例えば図6―8から図6―11に示したように、日本以外の主要先進国は全国各地に「まんべんなく」高速道路が整備されている一方、日本では、太平洋ベルト、とりわけ首都圏に高速道路投資が集中して整備されている様子が見て取れる。あるいは、新幹線についていうなら、日本に20万人以上の人口を持つにもかかわらず、近隣に新幹線が通過していない都市が、日本海側や九州、北海道、四国などを中心に21都市も存在しているのだが、そういう都市はフランスにはもう2都市だけ、ドイツにおいては1都市だけという状況となっている。

一方、インフラをつくったエリアは成長していく一方で、つくられなかったエリアは成長できなくなる。新幹線については、すでに本書第五章第三節で述べた通り、整備沿線エリアでは都市は大きく成長する一方、新幹線が整備されなかったエリアでは都市は衰退していく傾向が強烈にあるのである。同様のことが、高速道路についても確認されている。

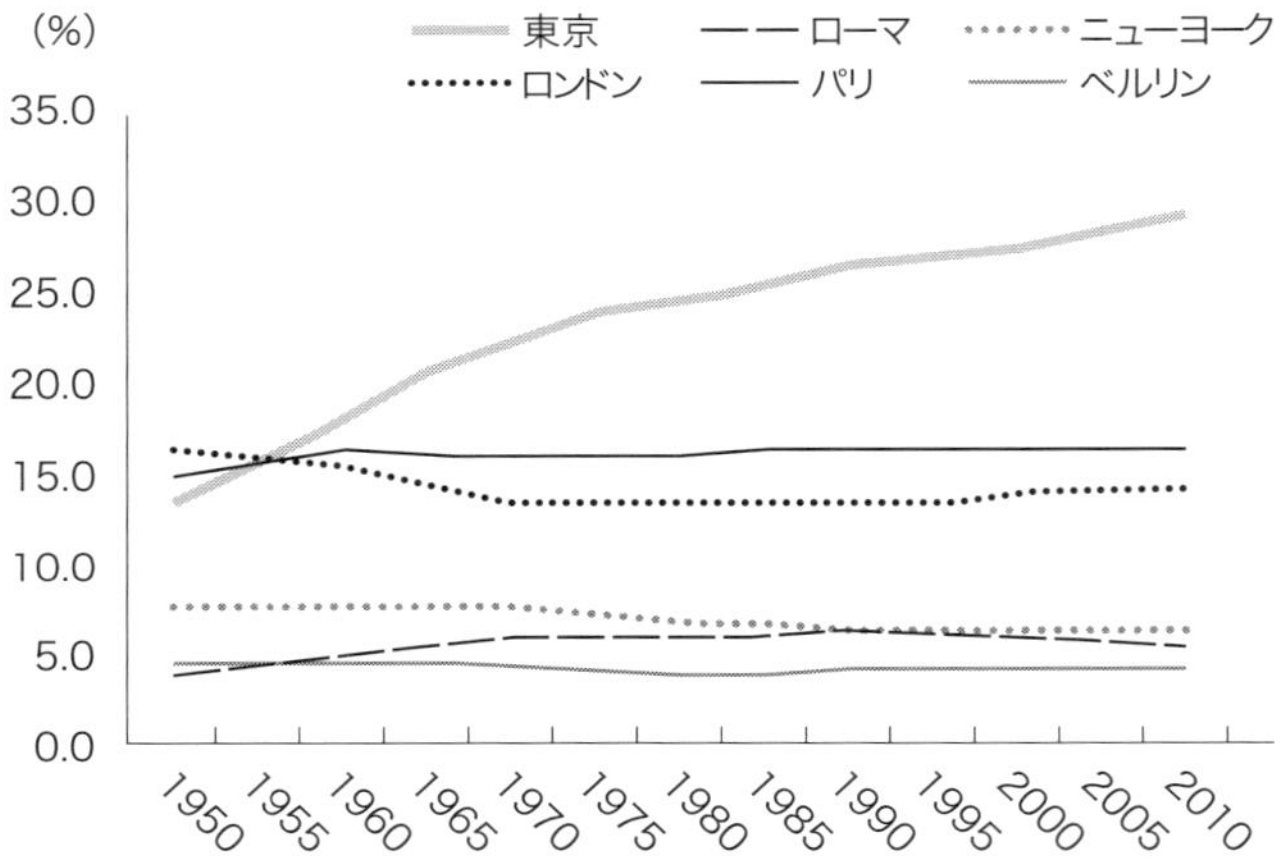

出典：「2040年、地方消滅。「極点社会」が到来する」（『中央公論』2013年12月号、増田寛也＋人口減少問題研究会）より。東京だけが一極集中が進行している。

図6－7　主要先進国の首都・中心都市の人口シェアの推移
（出典　『超インフラ論』）

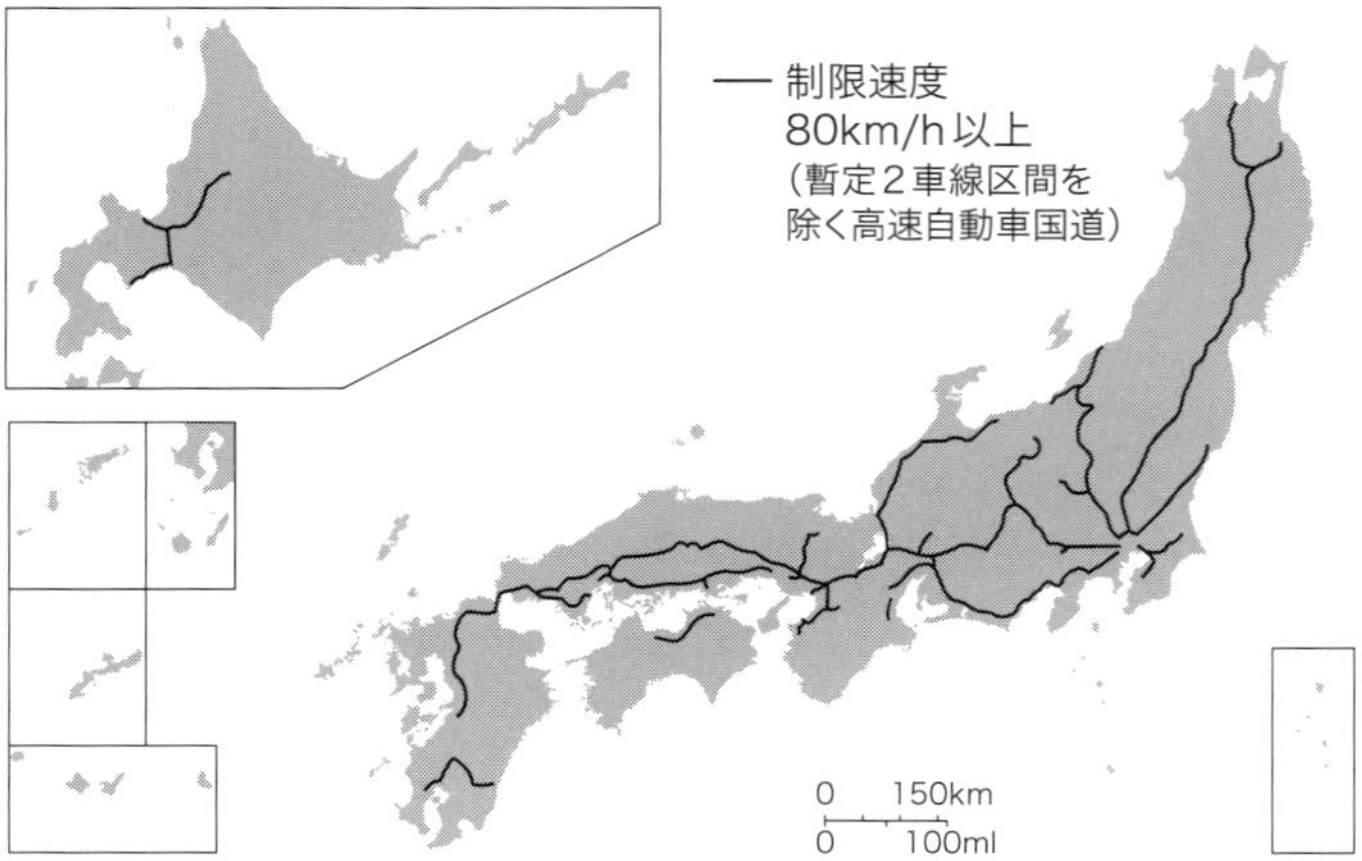

出典：日本道路公団：高速道路地図，1997　　1998年現在

図6－8　日本の時速80ｋｍ以上で走行できる道路網
（出典　『超インフラ論』）

高速で走行可能な
道路路線図（アメリカ）

― 制限速度80km/h以上
（高速道路、市街地を除く国道）

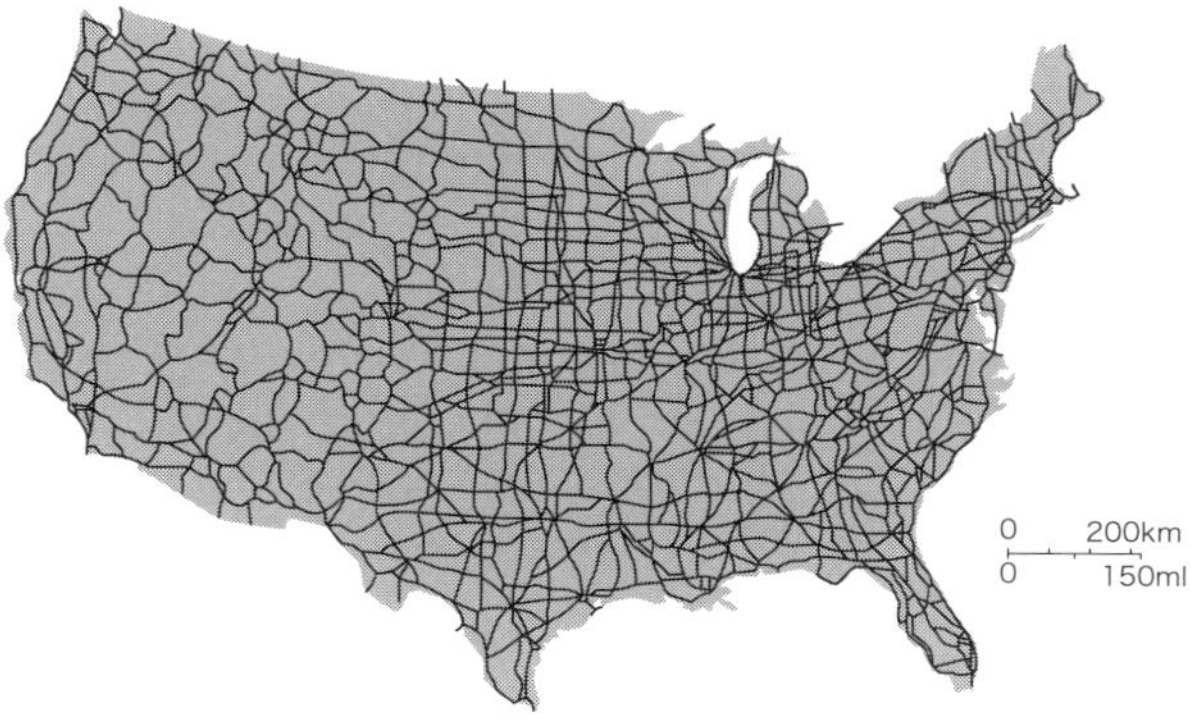

出典：（社）交通工学研究会：写真で見る欧州の道路交通事例集，1994.　1998年現在
Rand McNally (1998)Road Atlas: United States, Canada, Mexico. Rand McNally,Chicago.

図6－9　アメリカの時速80ｋｍ以上で走行できる道路網
（出典　『超インフラ論』）

高速で走行可能な
道路路線図（イギリス）

― 制限速度80km/h以上
（高速道路、市街地を除く国道）

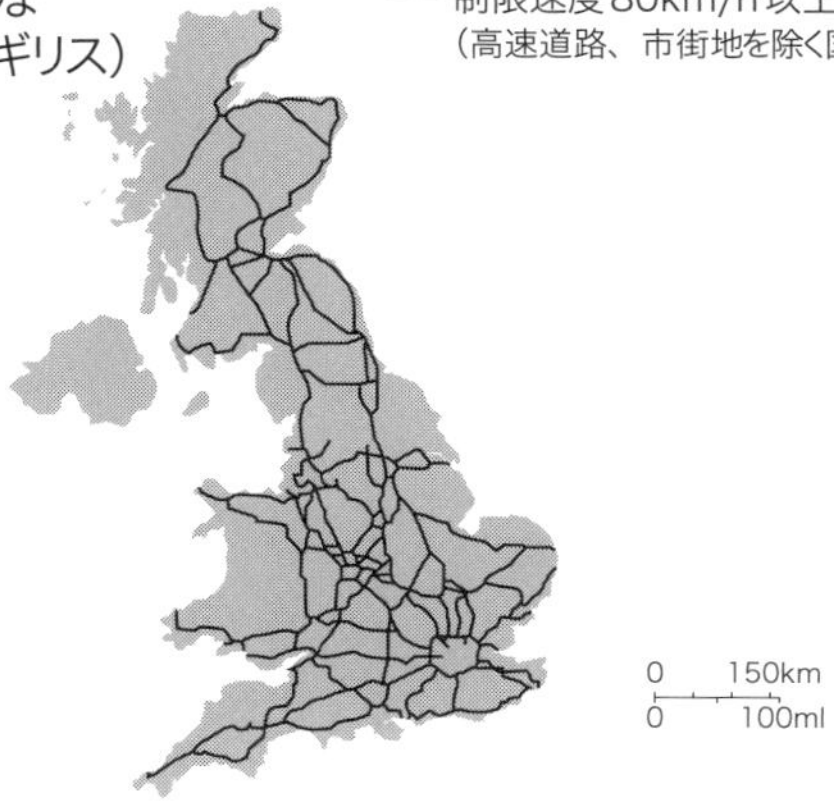

出典：（社）交通工学研究会：写真で見る欧州の道路交通事例集，1994.
Ordnance Survey (1998) Motoring Atlas of Great Britain　1996年現在

図6－10　イギリスの時速80km以上で走行できる道路網
（出典　『超インフラ論』）

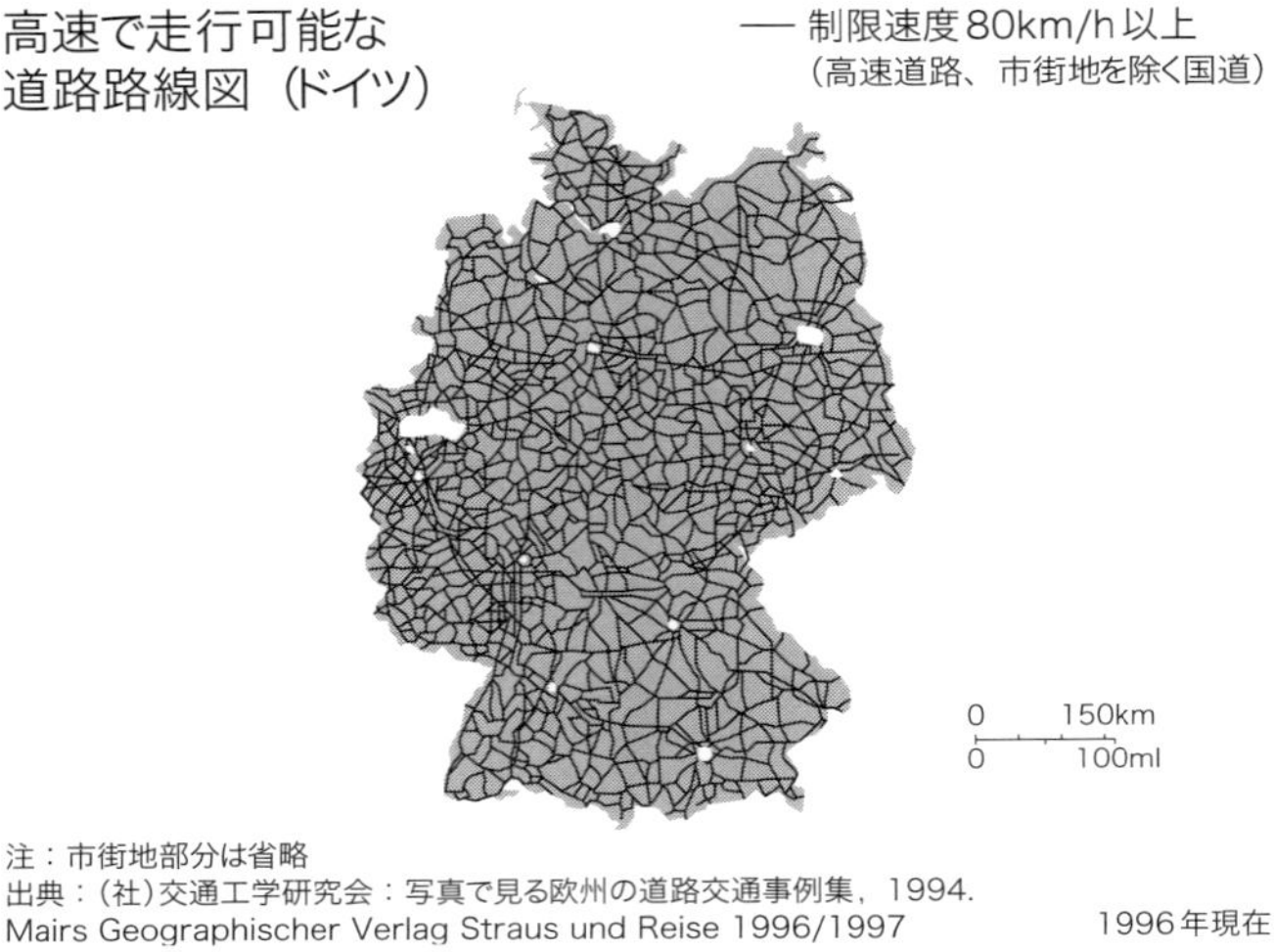

注：市街地部分は省略
出典：（社）交通工学研究会：写真で見る欧州の道路交通事例集，1994.
Mairs Geographischer Verlag Straus und Reise 1996/1997

図6－11　ドイツの時速80km以上で走行できる道路網
（出典　『超インフラ論』）

図6―12で、日本全国の、高速道路のインターチェンジまでの所要時間帯毎の、過去25年間の商業の成長率平均をご覧頂きたい。ご覧のように、高速道路まで30分以上のエリアの成長率は8％にすぎないが、高速道路まで10分のエリアなら、その10倍以上の92％もの成長率に到達している。つまり、高速道路がつくられればその沿線エリアは概して、より大きく成長していくこととなるのである（逆の因果方向の可能性があることを差し引いても）。

すなわちわが国では、東京を中心とした大都市部にインフラの一極集中投資が図られ、都市が成長していった一方で、インフラがつくられなかった地域は衰退していったのである。これがわが国において東京一極集中が過激に進み、その陰で地方が激しく衰退していった基本的な理由なのである。

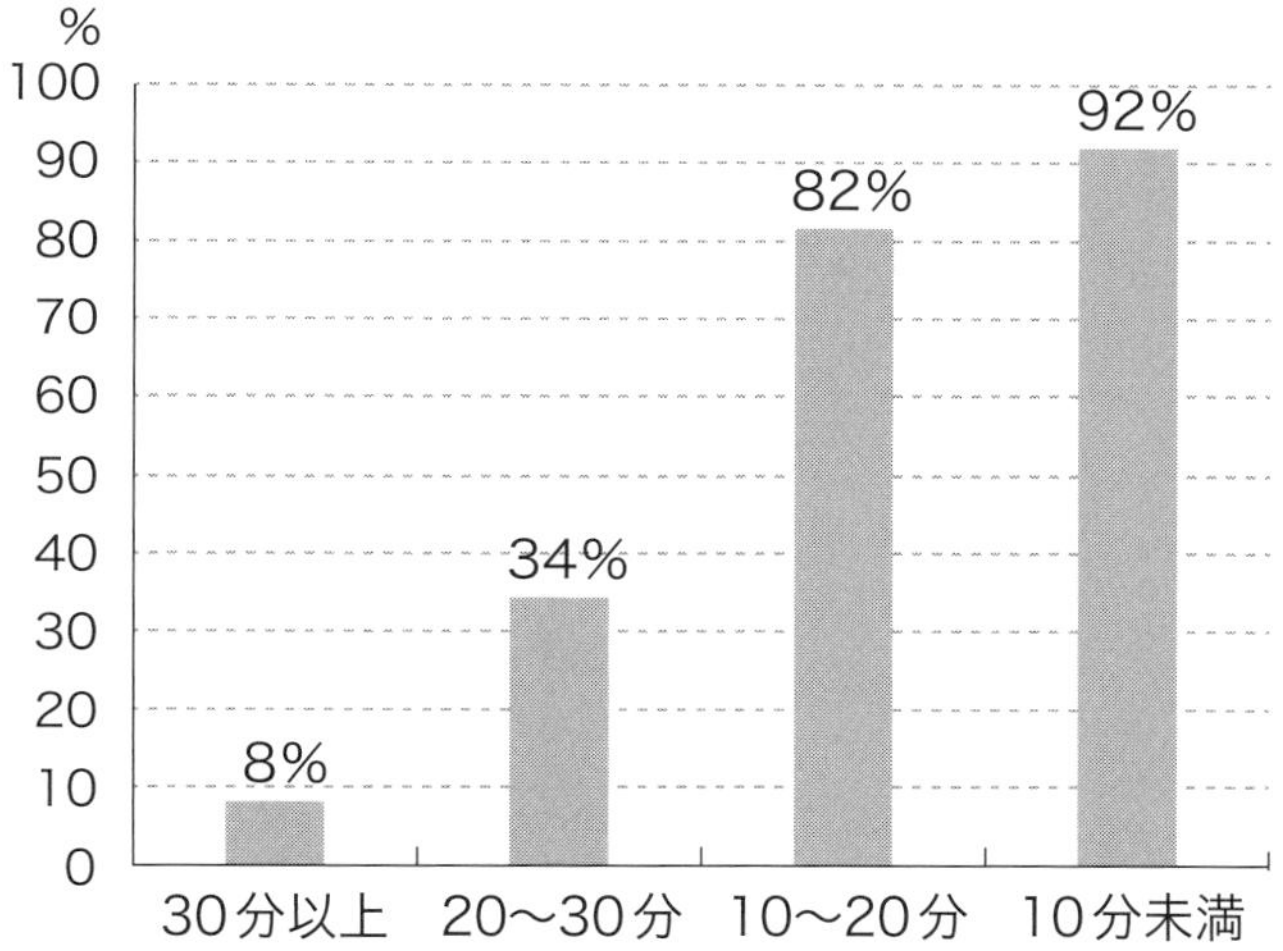

図6－12　高速道路までの所要時間別の、「商業年間販売額」過去 25 年間の平均増加率（1980 年〜 2005 年）（出典　『超インフラ論』）

一極集中投資と土木の関係

では、なぜ、インフラの東京一極集中投資がなされているのかといえば、それは、過去20年間、インフラへの投資金額が激しく削減されてきたからに他ならない。

わが国は全国各地に高速道路や新幹線を、欧米諸国と同様に「まんべんなく」整備していく基本計画を政治決定している。政府はその基本計画にそって過去半世紀の間、少しずつインフラ投資を重ねてきたのだが、初期においてはやはり、東京を中心とした大都市部への投資が優先されたのだった。そしてそうした都市部の投資が一段落した段階で、わが国は土木投資を激しく縮小させたのである。

その結果、地方は、これまでインフラ投資を「辛抱」し、都市部への投資を優先させて自分達への投資を待っていた状態にあったのだが、これから地方へのインフラ投資が本格化しようとしていた矢先に、インフラ投資額それ自体が大きく削減され、インフラ投資をしないまま放置される状況となった。こうして、都市部と地方、とりわけ東京とそれ以外の地域との間に、インフラ投資水準の大きな格差ができ、その格差が「固定」されてしまうこととなった。

こうして、過去半世紀以上もの間、東京とそれ以外の地域との間に大きなインフラ投資水準の格差が存在し続け、これが、先進諸国において日本だけ、首都圏への一極集中をもたらす帰結となったのである。

インフラの地域格差

こうした背景を認識した上で、今日大きな問題とされている「地方の衰退」を防ぎ、地方を活性化させ、東京一極集中を緩和していくために求められているのは、現在、すでに計画されている全国の高速道路と新幹線の整備計画を、着実に進めていくことなのである。

図6―13は、政府が閣議決定している全国の新幹線ネットワークの計画路線図である。ご覧のように、その計画路線のうち、実際に完成している区間は、わずか4割程度にしかすぎない。日本海側や北海道、四国、東九州などは、ほとんどつくられていないのが実情である。

一方で東京は、予定されていた5本の新幹線（東海道、北陸、上越、東北、および、中央）のうち未整備なのは一つ（中央）だけでそれ以外はすべて供用済みだ。しかも、残された一つ（中央）も現在着工済みで、2027年には開業予定となっている。大阪ですら計画された5本の路線（東

図6－13　政府が閣議決定している全国の新幹線ネットワークの計画路線図（出典　『超インフラ論』。注：整備済み路線には「ミニ新幹線」方式も含む。計画路線は、基本計画路線、整備計画路線の双方を含む）

海道・山陽、北陸、山陰、四国、中央）のうち、完成しているのは一つだけ（東海道・山陽）で、残りの四つは未だ着工すらしていないのが実情だ。

一方、図6―14は、現在政府にて閣議決定された高速道路のネットワークだ。整備された区間（供用中）と未整備のもの（事業中・調査中）のものを双方掲載している。

ご覧のように、高速道路のネットワークは、三大都市圏のみでなく、全国各地に整備する計画がつくられている。しかし、未整備のものが「ミッシングリンク」（ネットワークで〝歯抜け〟のように残された道路区間）として全国に残されていることがわかる。とりわけ、日本海側や四国、北海道、全国の半島部などに「ミッシングリンク」が散見される。

閣議決定されている高速道路等（いわゆる

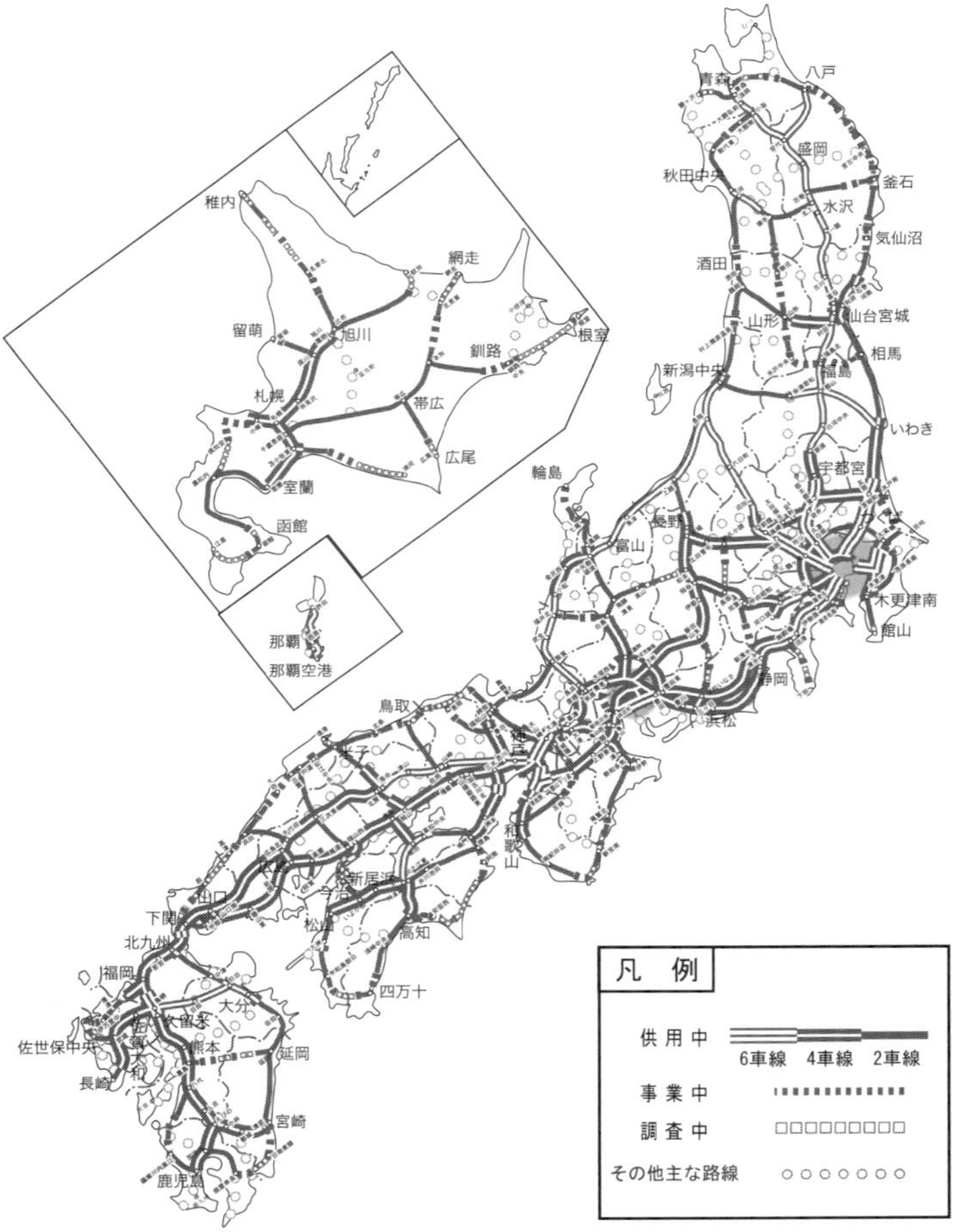

注1．事業中区間のIC、JCT名称には仮称を含む
注2．本路線図の「その他主な路線」は、地域における主な道路構想（事業中、開通区間を含む）を示したものであり、個別の路線に関する必要性の有無や優先順位を示したものではない

平成29年4月1日時点

図6－14　現在構想されている全国の高速道路ネットワークの計画路線図
※供用中：「高規格幹線道路」として閣議決定され、整備された計画路線
※事業中・調査中：「高規格幹線道路」として閣議決定された計画路線

高規格幹線道路）の総延長は、1万4000キロメートル。そのうち、平成29年度末現在で整備済みのものは、その約8割強の1万1638キロメートル。つまり、政府は今、全国に高速道路ネットワークをつくる計画を立てているものの、地方部を中心に、未完成区間が残存している状況にあるわけである。

さらに、地方部には供用された道路において2車線の区間が多くあるというのが実態だ。その多くは「暫定2車線」と呼ばれる区間で、「本来なら4車線でつくる計画だが、予算制約の都合で、〝暫定的〟にまず2車線で整備した区間」というものである。

一方で、首都圏には、高レベルの高速道路が高密度に整備されている様子がわかる。地方部との格差は言うまでもなく、大阪圏や中京圏よりもその整備水準が圧倒的に高い様子が見て取れる。このように、高速道路のネットワークの視点から見ても、三大都市圏の整備密度、とりわけ、首都圏の整備密度は圧倒的に高く、整備格差が大きく国内に存在する様子がわかる。

このような、現状において明らかに存在する新幹線、高速道路等についての巨大なインフラ投資格差を放置せず、着実にこれらの計画を実現していくことが、地方の衰退を食い止め、東京一極集中を緩和するのみならず、全国の生産性を上げ、今日の低成長にあえぐ日本経済を復活させるにあたって大きく貢献するであろうことが期待されるのである。

第三節　国土強靱化の成否と日本の未来

巨大災害がもたらす被害規模

今、わが国では、未曾有の自然災害に見舞われるリスクが激烈に高まっている。

無論、これまでの日本列島は巨大地震や大津波、そして、南九州の縄文人を絶滅させたとも言われる鬼界カルデラの大噴火等、凄まじいエネルギーを持った自然変動に幾度となく襲われ続けてきたのであり、近い将来に起こる自然災害がそれらの中で飛び抜けて巨大な物理的エネルギーを有しているとは必ずしも言えない。

にもかかわらず、**近未来の巨大自然災害は、日本史始まって以来、あるいは、世界史始まって以来はじめての、文字通り「未曾有」の巨大被害をもたらすことは、ほぼ間違いない。**

例えば南海トラフ地震について言うなら、その被害額は、政府によって220兆円規模に上るであろうことが試算されている。220兆円とは、国民一人当たりに換算すれば、約200万円程度の被害、ということである。つまり、被災地「以外」の、全く被害を受けていない人々全てを含めての平均として、一人200万円の損害を被るわけだ。そしてその時の死者は32万人に及ぶと公表されている。

そしてそれが発生する可能性そのものについては、上記の最大規模のものも含めた、マグニチュード8以上の規模に関して言うなら、今後30年間で70～80％と公表されている。ただし、南海トラフ地震の中でも最も発生する見込みが高いと言われている東海地方の地震（東海地震）については、その発生確率は、88％にも上るという参考値も公表されている。

これは口語的に言うなら「十中八九」の見込みで、巨大な南海トラフ地震が30年以内に起こることを意味している。

一方、首都直下地震については、被害にして約100兆円、死者数約2・3万人と公表されている。30年以内の発生確率も70％。

なお、これらの経済被害で計算されているのは、実際の被害の「ごく一部」である。例えば阪神淡路大震災は、被災地の経済に長期間の経済的ダメージをもたらし続けた。そして、その被害がようやく癒えるまでには、発生から実に20年もの歳月がかかっている。上記の経済被害の数値には、こうした「長期的な経済ダメージ」は含まれてはいない。それらを含めれば、それぞれの被害はさらに数倍以上となり、場合によっては1000兆円を超え、一人当たりの損害額は1000万円程度となることすら考えられる。

そうなればこれはもう、**「国難」**という他ない。

つまりこれらの超巨大震災によって、これまで普通に暮らしてきた多くの人々が住むところも働く場所も失い、それを復旧する財力もないまま、貧困化していくことになるわけだ。それが、「一人当たり数百万円から1000万円の被害を受ける」という言葉の意味である。

なお直接的な被害を受ける人数は、数百万人を遥かに超える水準となる。自宅が使えず、避難所や知り合い宅等に避難する避難者数は、南海トラフでは950万とも、210万から430万とも試算されている。全壊してしまう世帯数は、最悪で南海トラフ地震において95～240万世帯（戸）、首都直下地震において最大135万世帯（戸）と推計されている。こうした人々は、家のみならず「仕事」も同時に失うリスクに直面しているのである。だからそれまでどれだけ裕福な世帯であったとしても、大量の世帯においてそれ以後は「貧困」にあえぐ顛末となり得るのである。

そしてこれだけ国民が貧困化すれば、日本全体の経済が大きく低迷していくこととなる。皆が貧困化すればあらゆるビジネスで「客」が減り、「売り上げ」が低迷していくからだ。そうなれば、ただでさえ90年代から「失われた30年」などと言われる状況の中で停滞が続いている日本経済が決定的な打撃を受け、「震災不況」の状況となり、日本の経済小国化が一気に加速することになろう。

かくして、日本人全員が貧困化していくことが危惧されるのである。

そしてそうなれば、中央政府も地方政府も、その税収が大幅に下落する。結果、十分な社会保障も教育も研究開発も未来への投資もすべてできなくなり、国力は一気に低迷、日本国そのものが衰弱に向かう。現時点では日本は「主要先進7カ国」の一員の「経済大国」だが、そうなればもう後進国と言わざるを得ない小国へと転落し、国民の貧困化はさらに加速することとなろう。

日本の未来は土木次第

なぜそれほどまでに巨大な被害になるか——現代の日本列島の「**国土利用**」**のあり方が、これまでとでは全く違う**からである。

われわれは過去半世紀の間に、かつての社会とは全く異なる高度に複雑で、かつ様々な要素が有機的に連携しあった巨大な文明社会を築きあげたのである。しかもその中でわれわれは、関東平野や、南海トラフ地震、富士山噴火の想定被災地といった過去に幾度となく巨大災害が起こり、今後も起こることが明らかであったエリアに、近代文明社会の枢要施設を超絶に集中立地させたメガロポリス＝巨大都市を築きあげてしまったのである。

こうした国土利用の状況では、日本列島の歴史にとって「平均的」な地震や津波、噴火があるだけでも、わが国の近代文明は深刻な被害、場合によっては二度と元に戻れぬほどの深刻なダメージを被るであろうことは火を見るよりも明らかだ。すなわち、**東京一極集中、太平洋ベルト一極集中こそ**が、近い将来に生ずるであろう大地震の被害を極大化させる**真犯人**なのである。そしてそんな一極集中を放置し続ける限り、近い将来に生ずるであろう災害によって、わが国が日本の歴史、あるいは世界の歴史が始まって以来、文字通り「最大」の被害を受けることは、ほとんど避け得ぬことなのである。

——こうした認識を背景として、今日の絶望的とも言える現状を打開し、来るべき未曾有の大災害がわが国の未来に及ぼす破壊的影響を可能な限り最小化させ、その被害によって二度と元に戻れぬような深刻な事態に陥ることを回避するために提案されているのが、「**国土強靱化**」と呼ばれる取り組みである。

国土強靱化とは今、平成25年（2013年）12月に制定されたいわゆる『国土強靱化基本法』[*3]に基づいて進められている巨大災害に対する「**強靱性**」（**レジリエンス、resilience**）を確保することを促す取り組みの総称である。強靱性（レジリエンス）とは、都市や国家、組織などが何らかの「災害」「破壊」や「アクシデント」を被った時に、

第一にそれによって「致命傷」を受けることを回避できると同時に
第二に、その被害を最小化し、そして
第三に、被った被害から迅速に回復させる

という三つの要素から構成される「能力」を意味する。そして国土強靱化とは、首都直下地震や南海トラフ地震等の巨大自然災害等を見据え、それに対する強靱性を向上させていく取り組みを言う。

国土強靱化では、第一に、直接的な防災対策が重要だ。それぞれの建築物・インフラの耐震強化、津波堤防の整備などがそれにあたる。それに加えて、国民の防災意識を高め、国民が様々な場での「民間の強靱化」を加速させるための防災教育や情報提供（一般にリスクコミュニケーションと呼ばれる）も重要だ。

しかし、それだけでは被害の抜本的な軽減は不可能だ。そもそも巨大災害の被害を極大化させているのが「太平洋ベルト一極集中」であり「東京一極集中」であるからである。

そうした一極集中構造を解消し、都市部の過密と地方部の過疎を解消し、「均衡」ある形で国土が利用されていれば、自然災害の被害を抜本的に軽減することができる。しかも、首都直下地震

や南海トラフ地震の被害がどれだけ激しいものであったとしても、被災地の外側に「残存」する経済力や人口が十分確保されることとなるため、迅速な回復も可能となる。つまり、一極集中の緩和、地方分散化を通した国土の「均衡」利用は、多重的な意味で、日本を「強靭化」するのである。

そして、一極集中緩和のために何が必要なのかといえば、すでに本章前節で述べたように、「交通インフラの一極集中投資」を緩和、改善し、「地方部への高速道路・新幹線の整備投資」を進めることが何よりも求められているのである。[*2]

つまり、国難を回避するための「国土強靭化」において、直接的防災の視点からも、国土構造の抜本的な強靭化の視点からも、「土木の力」が求められているのである。逆に言うなら、政府が十分に財政的な措置をせず、「土木の力」がほとんど発揮されなければ防災力も低く、国土は脆弱なまま放置され、本章冒頭で紹介したような、国民全員の困窮化を伴う日本国の衰退、後進国化が生ずることは、残念ながら回避できなくなってしまうのである。

つまり、**日本の未来は、国土強靭化の成否にかかっている**のであり、その成否は、**今この瞬間から巨大災害が起こるその瞬間までの間に、わが国がどれだけ「土木」に注力することができるのかにかかっている**のである。

第四節　北海道を救う「第二青函トンネル」構想

最も激しく衰退している北海道

繰り返すが、わが国は主要先進諸外国では見られない首都一極集中が過激に進行している。これはつまり、諸外国では見られない地方の衰退が日本においてだけ見られている、という事実を意味している。本節では、この地方の衰退をどうやって食い止めるべきか、という問題について、全国の中でも**最も激しく衰退している地域である「北海道」**に注目することを通して考えてみることとしたい。

まず図6―15、図6―16をご覧いただきたい。

これは、過去25年間の商業と工業のそれぞれの地域の「成長率」を示すグラフである（1・0がゼロ成長を意味する）。ご覧のように、太平洋ベルト地帯、とりわけ、首都圏においては商業も工業も大きく成長している一方で、地方部の成長率は低いことが見て取れる。

そして、一部の地方においては成長率が「マイナス」となっている。つまり「衰退している地方」が一部見られることもわかる。

ただしそれらの中でもとりわけ激しく衰退しているのが北海道である。ご覧のように、北海道は一部を除くと、ほとんどの領域が「衰退」エリアとなっていることがわかる。

商業も工業もこの四半世紀の間これだけ激しく衰退し続けてきたということはつまり、その地域の人々の所得が減少し、貧困化が激しく進行してきたことを意味している。事実、全国で1741ある自治体の「平均所得ランキング」において、「下位1％」の17自治体の中に、実に北海道の自治体が二つも入っている（2016年現在、総務省発表資料より）。例えば全国1位の東京都港区が1112万円であるところ、全国1735位の上砂川町は、その**5分の1以下の僅か210万円**しかない。

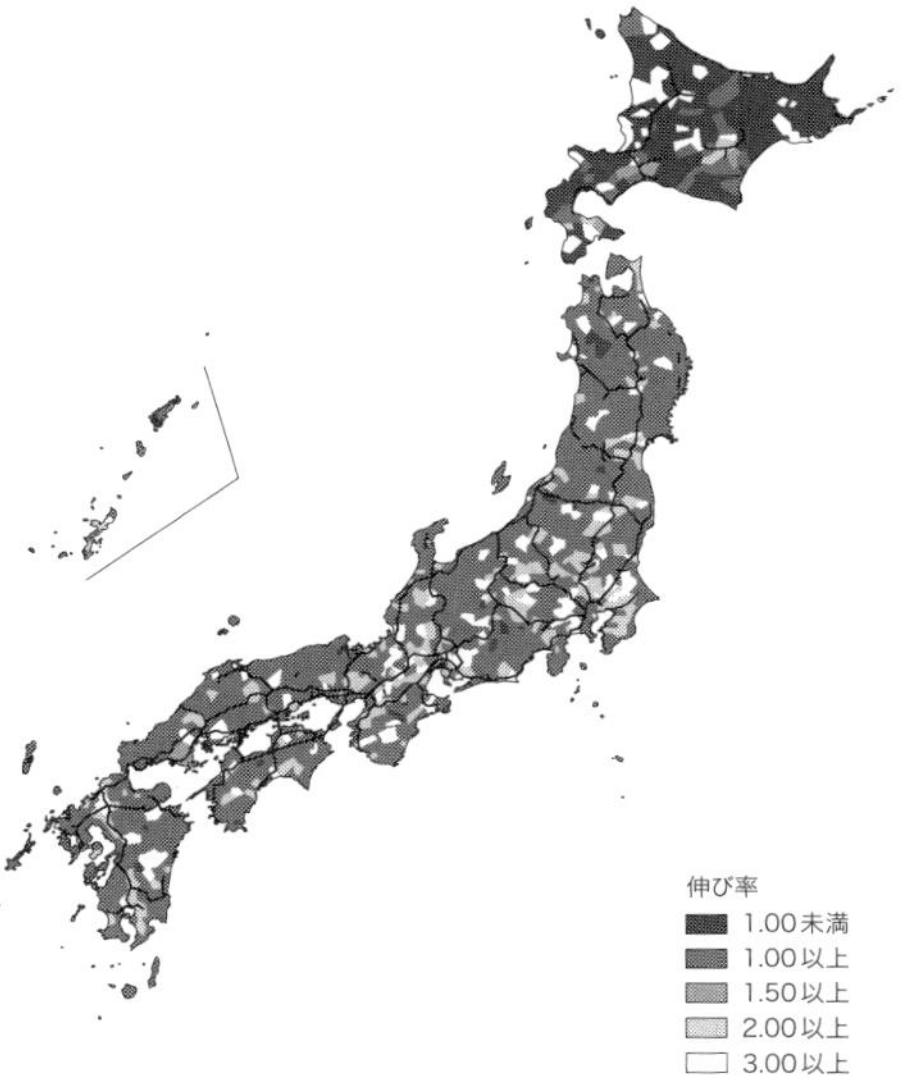

図6－15　「商業年間販売額」の過去25年間の増加率（1980‐2005）（出典『超インフラ論』、商業年間販売額は商業統計調査より算出）

北海道を衰退させている最大要因

ここまで激しく衰退しているのは、北海道が、日本列島における一番の「僻地」に位置しているからに他ならない。本書で何度も見てきたように、地域の発展において、（しばしば**アクセシビリティ**ともいわれる）「その地域の交通の利便性」は極めて重大な意味を持っている。交通で行きにくいところは発展しないが、交通インフラができて行きやすくなれば瞬

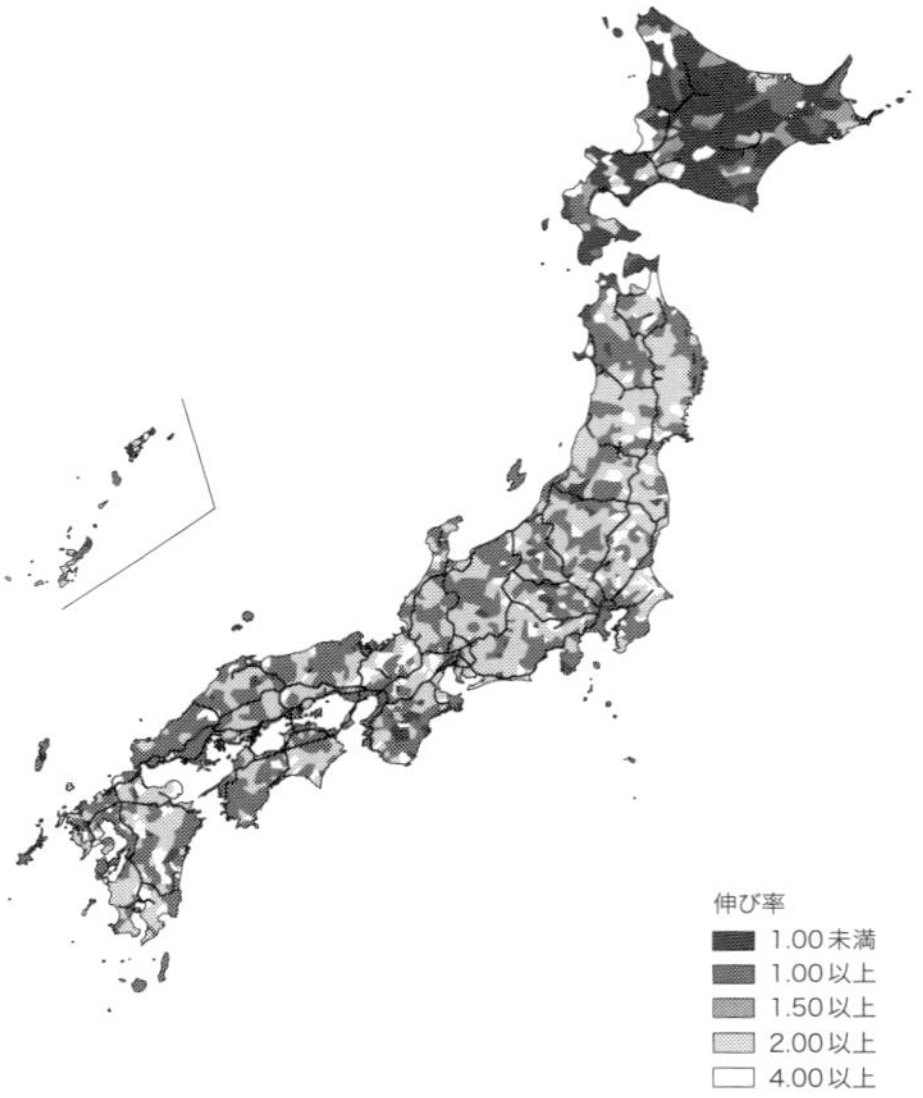

図6−16　「製造品出荷額」の過去25年間の増加率（1980 - 2005）（出典　『超インフラ論』）

く間に発展する――という事例が、古今東西において見られているのは、本書で繰り返し指摘した通りだ。

ところが、北海道は細長い日本列島の「北端」に位置しているため、他の地域に行きにくい地理的条件に置かれているのである（実際、「南端」に位置する沖縄は平均所得下位1％に三つの自治体が入っている）。

さらにこの北海道のアクセシビリティを引き下げているのが、北海道と本州の間に存在する「津軽海峡」の存在だ。

今、この海峡には、「青函トンネル」が一本しか存在していない。しかもこのトンネルは「鉄道」トンネルであり、自動車が通過することができない。今、津軽海峡を自動車で行き来しようとすれば、フェリーしかない。

このように本州とのアクセス性が極端に低いのは、日本列島の本州以外の「三島」である北海道、四国、九州の中で北海道だけだ。四国とはすでに三つの橋がかかり、自動車でも鉄道でも往来できる。九州との間には、三本のトンネルと一つの橋がかかっており、同じく自動車と鉄道の双方で往来可能なのである。

もともと「北端」であるが故に不利な条件下にある上に、この本州との間の交通インフラの脆弱さが重なれば、衰退を免れ得るはずもない。かくしてこの地理的、インフラ的状況を踏まえるなら、北海道が全国の中でもとりわけ激しく凋落していくのは、**避けがたい宿命**のようなものなのである。

第二青函トンネル構想という切り札

こうした状況を踏まえ、北海道の衰退を食い止め、北海道の未来を切り開くために今、構想され始めたのが、「第二青函トンネル」構想である。

この構想は未だ、中央政府が行政的に計画決定したものではないが、様々な民間団体や地方自治体が検討しはじめたものである。

この構想を考える上で重要な役割を担うのが、平成28年（2016年）に北海道と本州の間のアクセス性を抜本的に高めるべく開通した「北海道新幹線」だ。この新幹線は将来札幌まで延伸予定であるが、2016年には、現在の青函トンネルを通って津軽海峡を越えて函館エリアにまで接続している。

ところが、この青函トンネルは、新幹線だけに専有されているのでなく、在来線にも使われている。そのせいで、このトンネル区間は、新幹線は（新幹線としては）「徐行」運転を余儀なくされている。通常スピードで移動すれば、在来線に影響がおよび、安全走行が脅かされることになるからだ。

その結果、せっかく「新幹線」が開通したにもかかわらず、そのメリットを十全に発揮できなくなってしまっている。

つまりやはり「トンネルが一本しかない」という状況があるが故に、そこが「ボトルネック」となって、北海道のアクセス性を抑制し、その発展を阻害してしまっている状況をもたらしているのである。

こうした状況を改善するべく、北海道新幹線開通以後、第二青函トンネルの議論がさらに加速しているのである。

第二青函トンネルには、いくつかの考え方があるが、いずれももう一つ、あるいはもう「二つ」のトンネルを掘り、まずは「新幹線専用」トンネルにしつつ、もう一つのトンネルを在来鉄道と自動車の移動にあてる、というものである。

現在の青函トンネルには、総工費およそ9000億円がかかっていたのだが、あれから半世紀が経過し、トンネル技術も発展し、現在ではそれよりさらに費用を圧縮できることが報告されている。例えば、民間調査[*4]によれば、第二トンネルだけなら約4200億円、第三トンネルも開通させた場合には合計で約7500億円にまで費用圧縮が可能であることが示されている。

これらが完成すれば、新幹線が通常速度での通行が可能となり、次世代型の超高速の新幹線を使えば、東京~札幌間が4時間半程度での通行も可能となるとの技術的可能性が報告されている。[*5]

さらに、これまで存在していなかった道路トンネルが完成することとなり、自動車での行き来、とりわけトラック輸送が可能となり、北海道のアクセシビリティが物流・人流共に飛躍的に向上するのである。

こうなった時、津軽海峡で堰き止められてきた「日本の経済活力」が、この三本のトンネルを通して北海道にようやく十分に到達することとなり、北海道がさらに発展していくこととなるのである。そして日本国家全体は、これまで十分に活用できなかった北海道の大地を、日本の国力増進に向けて十二分に活用することが可能となり、日本国家という一つの「家」としてさらに発展していく縁《よすが》を得ることも可能となるのである。

第二、そして第三の青函トンネルは、**凋落する北海道を救い出す切り札**であるばかりでなく、日本国家全体のさらなる発展、いやむしろ、世界史の中で凋落しつつある日本国が再び復活していく上で重要な役割を担う一**大国家プロジェクト**でもある。このプロジェクトを希求する者は、この実現を阻む背景（国鉄の民営化時に、潤沢な収入のある首都圏等でのＪＲの収入が、津軽海峡以北への投資に活用できない、というスキームとなったことや、近年のデフレ不況の継続等）を冷静に分析しつつ、それを乗り越え、実現していくための具体的な方途を探る必要があるだろう。

第五節　日本復活の切り札はリニア新幹線

「技術先進国ニッポン」を取り戻す

最近の10代、20代にとっては、日本が世界に冠たる経済大国、技術先進国というイメージが希薄になってきているのかもしれないが、それより上の世代の者にとってみれば、技術については日本は欧米を押さえて「世界一」の経済大国だと、当たり前のように認識していた。その象徴が、世界で一番最初に日本で開発され、供用された「新幹線」だった。

しかし、今日、新幹線は、ヨーロッパ諸国には普通に整備され、先進国以外の台湾や韓国などの中進国にも整備され始め、今や新幹線は、技術先進国の象徴でも何でもなくなってしまった。

ただし、今日本で計画されている「リニア新幹線」は、運行速度をこれまでの2倍程度にまで一気に押し上げる、次元を異にした技術である。しかも、現在の計画は東京～大阪間の５００キロメートルを最高速度時速５００キロ超で走るというもので、これだけの長距離の区間を、これだけの速度で、多くの乗客を乗せる形で計画されているリニア路線は、世界中に他に存在しない。すなわち、リニア新幹線が営業開始すれば、ちょうど東海道新幹線がつくられた時と同様、日本が営業鉄道技術において「世界一」となることができる技術なのである。

さて、そのリニア新幹線が完成すれば、東京～大阪間は約1時間となる。現在、２時間20分だから、一気に半分以下の時間で東京と大阪を往来することが可能となる（ちなみに料金は1000円程度しか変わらない見込みだ）。大阪～名古屋間が20分で、東京名古屋は40分。つまり、東京の人にしてみれば、都心から中央線の「国分寺」に行く程度の時間で名古屋まで、「八王子」に行く程度の時間で大阪に着いてしまう。逆に大阪の人にしてみれば、東海道線で「三ノ宮」や「高槻」あたりまで行く時間で名古屋まで、「姫路」や「野洲」あたりまで行く時間で東京に着いてしまうことになる。

つまり、リニア新幹線ができれば、大阪、名古屋、東京という三大都市圏が、互いに毎朝通勤することが可能なくらいの時間で結ばれることとなるわけである。これはすなわち、**三大都市圏がリニアによって実質的に「巨大な一つの都市圏」として一体化される**ことを意味している。

そのインパクトには、はかりしれぬものがある。そもそも、都市というものは、隔たった街と街が「結ばれる」ことを通して発展してきたことは、本書で何度も繰り返し述べてきた通りだ。

そもそもこのリニアがあれば、東京にいても大阪にいても名古屋にいても、1時間以内に別の都市に到達できるのだから、各都市のオフィスは潜在的な顧客やビジネス相手を一気に拡大することができる。さらには、それだけ大きな「商圏」をかかえた巨大都市圏は、日本国内は言うにおよばず、世界の中で他に見当たらない。だから、リニアがつくられれば、三大都市圏に一気に様々な「投資」が進められることとなる。これがまた、日本経済をさらに成長させていくこととなる。こうした三大都市圏が、さらに高度な機能を兼ね備えた都市へと「進化」し、さらなる生産性の向上をもたらすこととなるのである。

なお、様々な成長戦略がリニアプロジェクト以外にも考えられるが、これほどまでに巨大なインパクトをもたらす成長戦略は、現実的にいって他には考えられない。

つまり、**リニア新幹線こそ、日本の成長のための「最後の切り札」**なのである。

例えば、マクロ経済シミュレーションモデルを用いた分析によれば、新大阪〜名古屋間という一部の区間だけでもリニア新幹線を整備すれば、日本全体のＧＤＰが６・２兆円（０・９％）も増加することが示されている。20年間の累計では78・９兆円という効果が試算されている。[*6] これはつまり、リニアを新大阪〜名古屋間で整備するだけで、北海道から沖縄まで全国国民が一人当たり平均で約70万円も儲かるようになる、という凄まじい効果を意味している。東京〜新大阪間全区間の試算結果は、論文上では報告されていないが、その効果は上記効果の数倍と見込まれる。

リニアは一極集中を終わらせる

しかも、リニア新幹線整備は、ただ単に日本経済を全体として活性化させるだけではない。現代日本の最大の問題である「東京一極集中」を緩和する強力な手法でもあるのだ。

これも既往研究で示された分析結果だが、[*7] 新大阪〜名古屋間の新幹線を整備することで、東京23区の人口は（７８６万人から７３９万人へと）47万人も「減少する」一方、愛知県、大阪府については、それぞれ19万人、26万人「増える」と推計されている。

この傾向はもちろん、経済規模に関しても見られており、東京23区のＧＤＰが累計で50兆円縮小する一方で、大阪圏、名古屋圏のＧＤＰがそれぞれ約18兆円程度拡大することも示されている。

そもそも新幹線が現状でも整備されているとはいえ、リニアが開通する以前においてはやはり、三大都市圏は「分断」されている状態にある。だからあらゆるものが利便性の高い「東京」だけに吸い上げられてしまっているのが現状なのである。

ところがリニアによって三大都市圏の統合が進み、その分断性が低下していけば、多くの人々にとって**東京に「固執」する必要性が、なくなっていく**。つまりリニアが通れば「東京だけが特に便利だ」ということではなくなり、「どこの都市に住んでいてもあまり変わらない」ということになる。その結果必然的に、東京に一極集中していた人口やオフィスがリニア沿線に「**分散**」していくことになるわけである。

なお、以上の数値計算は、23区、愛知県、大阪府という各都市圏の中心エリアのみの数値だが、こうした傾向はもちろん各三大都市圏全域に広がるものだ。例えば、大阪府においては人口が26万人増えるだけであるが、近畿2府4県全域で考えれば、リニアの同時開業によって、138万人も増加すると試算されている。つまり、リニアができれば、「関東」から、「中部」「近畿」へと大きな人口と経済の分散化が誘発されるのである。

国土強靱化、地方創生、リニア早期実現

このように、地方の新幹線や高速道路の整備を進めるのみならず、三大都市圏内部においてリニア新幹線を整備することが、「東京一極集中」の問題を終わらせ、「地方分散」を実現させる力を秘めているのである。そして本書でも述べたように東京一極集中の是正は、一面においては、首

都直下地震のリスクを最小化する「国土強靱化」にとって最も重要な意味を持っている。そしてもう一面においてそれは、疲弊した地方都市に活力をもたらす「地方創生」にとって何よりも重要なものである。

もしもわが国が巨大地震リスクを乗り越える国土強靱化を目指し、地方を豊かにする地方創生を心から願うのならば、東京~大阪間のリニアの早期整備は、実現しなければならない超重要プロジェクトと言えるだろう。先にも示したように、それは大阪や名古屋を豊かにするのみならず、その周辺地域すべてを豊かにし、かつ日本全体の経済成長を爆発的に促すディープインパクトを持つものである。

ただしやはり、リニア新幹線整備「だけ」を進めれば、三大都市圏間の不均衡は大きく是正されるものの、三大都市圏とそれ以外の地方部との格差はさらに拡大してしまうものであることは付言せねばならない。だからこそ、本章でも述べた全国の新幹線や高速道路、そして、第二、第三の青函トンネルの整備も含めた、全国各地における均衡あるインフラ投資を進めることが一極集中を緩和し、地方を創生し、日本全体の経済成長力を増進させていく上で必要不可欠なのである。

こうした取り組みがなければ、わが国は、世界中が成長していく中でいつまでも成長できず、21世紀中盤には二度と先進国とは呼べないような、後進国の経済小国に転落することは避けがたいと覚悟せねばならないだろう。

わが国の国民にそうした状況を冷静に認識し、理性的な取り組みを一つずつ積み重ねていくことができる知性と胆力が残されていることを、心から祈念したい。

【参考文献】

＊1　藤井聡『公共事業が日本を救う』文春新書、2010

＊2　藤井聡『超インフラ論　地方が甦る「四大交流圏」構想』PHP新書、2015

＊3　内閣官房「強くしなやかな国民生活の実現を図るための防災・減災等に資する国土強靱化基本法」(平成25年12月11日法律第95号)

＊4　JAPIC・国土・未来プロジェクト研究会「〝日本を元気にする〟プロジェクト」2017

＊5　鎌倉淳「時速360㎞の次世代新幹線で、東京―札幌4時間は実現するか。JR東日本がE956形『ALFA―X』を開発へ」、『タビリス』、2017

＊6　根津佳樹、藤井聡、波床正敏「東西経済の不均衡解消を企図した新幹線国土軸整備による経済不均衡改善に関する分析―マクロ経済シミュレーションモデル MasRACを用いて―」、『実践政策学』2（2）、pp.175-185、2016

＊7　藤井聡『「スーパー新幹線」が日本を救う』文春新書、2016

終章

「土木」という営為の構造

スープラとインフラの無限循環

本書は、われわれの住処づくりである「土木」が、私たちの社会、経済をつくり、文化をつくり、そして、それらの総体としての歴史をつくり続けてきたことを様々な史実に基づいて描写しつつ、今の私たちの社会、経済をつくり、文化をつくるためにもまた「土木」が必要不可欠であることを改めて具体的に指摘するものであった。そして、「**これまで**」の歴史の流れを引きつぐ「**これから**」の日本、そして世界の歴史は、「今」の私たちが、自らの頭を使って考え、自らの手を使って行う「今」の土木のあり方によって「決定づけられている」ということを示すものであった。

本書は、こうした**「住処づくり」としての土木という要素を視野に収めた上で、私たちの社会、経済、文化、そして歴史を改めて見つめなおし、未来を築きあげるわれわれの力を涵養せしめんとする営為を「土木学」**と呼称し、その具体的な実例を様々に描写するものであった。

本書を終えるにあたり、数々の史実を通してその姿を描写した、社会や経済、歴史や文化の全てをつくりあげていく「土木」という営為の基本的「構図」を改めて描写することとしたい。これを通して、その土木という営為についての読者における理解を、さらに深めんことと企図したい。

そもそも、本書で繰り返し描写した経済、社会、歴史、文化はすべて、「**スープラストラクチャー（上部構造）**」と呼ばれる一方、土木がつくりあげようとする街や地域、都市や国土は、そのスー

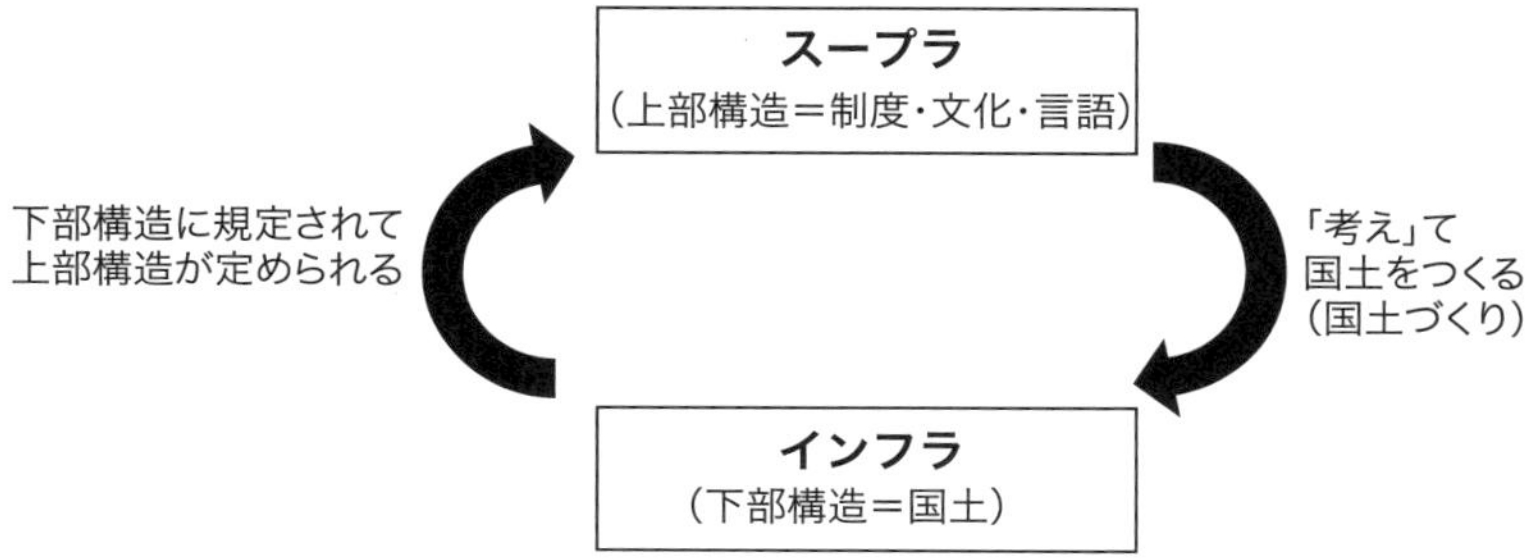

図7－1　地理をつくり、歴史を紡ぎだすインフラとスープラの間の循環構造

プラストラクチャーの「土台」となる「**インフラストラクチャー（下部構造）**」と呼ばれる。

人類の営みは、その産声を上げた最初から今日に至るまで、この両者の絡み合いで進展してきたものである。

そもそも、スープラは、その土台であるインフラなくして、何も展開することなどできない。国土や都市というインフラがあってはじめて、私たちは人間として当たり前の暮らしや活動を始めることができる。そのことは本書でも何度も指摘した通りだ。

一方で、そのインフラはスープラなくしてつくりあげられることなどない。むろん、何のスープラなどなくとも、そこに自然がありさえすれば、大地があり海があり、川がある。しかし、それは、あくまでも単なる一つの自然環境なのであり、人類の「住処」でなく、私たちのあらゆる活動のインフラ（下部構造）になり得ぬモノである。私たちのこの自然環境が、私たちの住処でありインフラであるためには、この純粋なる自然環境に、私たちの諸活動、つまり、スープラにあわせて「手を加え」なければならない。

したがって、インフラもまた、スープラなくして、成立することはあり得ないのである。つまり、このインフラとスープラの間には、図7―1のような**循環構造**が存在しているのである（このスープラとインフラの循環構図を、国民国家という現象理解に援用することで、国家の繁栄を企図する学問が**国土学**[*1]である）。

インフラが文化・歴史・社会・経済を規定する

この構図さえ認識しておけば、土木こそが、スープラをつくりあげ、社会と経済と文化、そして歴史をつくりあげるための営為そのものであることが、明白なる、当たり前の論理であることを即座に理解いただけるであろう。

そしてそれと同時に、この循環を旺盛、かつ、善きかたちで転換していくためには、闇雲にインフラをつくり続ければそれでこと足りると考え続けることなど不可能であることもまた、即座に認識いただけるだろう。**インフラをつくる「土木」をなすためには、スープラに対する深い理解、つまり、社会や経済、さらには文化や歴史に対する深い理解が必要不可欠**なのである。それがなければ、現存するスープラにはふさわしくない、異形のインフラができあがり、スープラを活性化するどころか衰退せしめるものにすらなるだろう。だから**土木を展開せんとする者は皆、社会、経済、文化、歴史に対する深い「教養」が必要不可欠**なのである。しかも、社会や経済や文化に関わる人々とは異なり、土木を志す者は皆、それら全てがいずれも「土木」によって「つくりあげられている」という、本書で具体的に様々に呈示した史実それ自身をしっかりと「教養」として認識することもまた求められているのである。

本書冒頭で指摘したように、土木が人類のなし得る最も偉大な営為である以上、それに携わるためには、その**自覚と教養の双方が求められている**のである。**本書はその自覚と教養の双方の形成を読者の内に形成せしめんとするもの**であり、それこそが、本書が構想する「**土木学**」である。

しかし、それは決して著しく困難なものなのではない。なぜなら、本書で繰り返し示した史実の一つ一つの「物語」を、(技術者として、でなく)一人の一般庶民として繰り返し鑑賞すれば、自ずと身に付くものであるに違いないからだ。だからこそ、通常は「冒頭」に記載すべき、こうした一般的理論的な解説は、全ての史実描写を終えた最後に改めて付記するかたちで、本書を構成した、という次第である。

【参考文献】

＊1　大石久和、藤井聡『国土学』北樹出版、2016

おわりに——大石久和

インフラがまるで歴史そのものをつくりだしているようなタイトルに違和感を持った方も、ずいぶん納得できる事例が多かったのではないかと考えている。

本書の読者がそのような感想を持つと予感したのは、歴史学が文献学といってもいいほどに文献的な証明ができるものに頼って構成されており、書かれたものがないものは存在しなかったものとして扱われることが多いことにも起因している。

本書では例えば次のようなことを述べてきた。

大和朝廷は、当時支配していた地域の利用可能な平地のすべてに条里制を敷いていったことは、今日地理的にも発掘調査的にも知られた事実である。このことは、この政権の権力が後世の政権に比してもかなり強力だったことを証明する具体事例となっている。

「利用可能なあらゆる平地に条里制を敷き、口分田を設けた」と記述している文献など存在しないから、この政権の権力の強さについては諸説が生まれていた。しかし、土木的な事実が、この権力の巨大さを証明したのである。五畿七道といわれる官道の規模の大きさもその傍証となっている。

また、農耕の開始はまさに文明の始まりだったが、それを可能としたのは農地の開発や灌漑の整備だったことについても紙幅を割いた。

文明のあけぼのであった四大文明の中でも、最も早く文明の領域に到達したのは、今から５５００年前のシュメールの都市国家であったが、この文明は土木を用いた灌漑による農耕を基礎としていた。そしてこの都市国家の中で、神の概念を獲得し、王制を生み出し、少し下るが文字も発明したのだった。まさに都市は文明のゆりかごだったのである。

都市が成立するためには、多民族が暮らし合う中で、また身を隠す山かげもない大平原という環境のもとで、集団が蝟集することを可能とするものが不可欠だったのだ。

それが都市城壁というインフラ（＝土木）の発明だった。都市城壁こそがシュメールの都市の存在を可能とし、それができたからこそ、今日につながる文明が誕生したと本書で述べた。

ところが、日本史学は日本の中に閉じ込もり、日本を世界史の中から見ることをしないから、「日本人が都市城壁を欠いていた」ことから来る歴史的な諸現象を理解できないでいる。そのちょうど反対に、西洋史や中国史の専門家も「日本の歴史との比較において」眺めることが不得意だ。

土木にはこうした制約はないから、本来であれば、都市城壁の有無が双方にもたらしたものは何かとか、インフラストラクチャー概念を持つ・持たないということが、日本とヨーロッパなどとのどのような民族的な経験の差（つまりは歴史の違い）から来ているのかについて、自由な発想と自由な研究の手法を持てているはずなのである。こうした事柄について現代の土木が長く無関心であったことは残念なことであった。

しかし、本書の事例を見れば、過去の日本人は、インフラストラクチャーの意義や効用を十分に理解できていたと考えられる。今日の財政事情を優先した議論や狭い領域のみから見た費用効果分析などによって、われわれの認識こそがゆがんでいることがわかるのだ。

本書に示してきた土木と歴史との関わりは、近い将来、「歴史土木学」とでもいうべき新たな土木学と歴史学の地平を拓いていくものと確信している。

【執筆者一覧】

大石　久和（おおいし・ひさかず）
公益社団法人土木学会第105代会長。
1970年建設省入省、国土交通省道路局長、技監などを歴任、2017年6月から現職。
本書総合企画。主たる執筆　第二章第一節・第四節、おわりに。

藤井　聡（ふじい・さとし）
京都大学大学院工学研究科教授。
1998年工学博士（京都大学）、京都大学大学院工学研究科助教授、東京工業大学大学院理工学研究科教授などを歴任、2009年から現職。
本書総合企画。主たる執筆　はじめに、第一章第一節・第二節・第四節、第二章第五節、第三章第三節、第四章第一節・第二節・第三節・第五節、第五章第三節・第四節、第六章、終章。

石田　東生（いしだ・はるお）
日本大学特任教授・筑波大学名誉教授。
1982年工学博士（東京大学）、東京工業大学助手、筑波大学大学院システム情報工学研究科教授などを歴任、2017年から現職。
本書総合企画。主たる執筆　第三章第五節。

（50音順）

越智　繁雄（おち・しげお）
一般財団法人河川情報センター業務執行理事。
１９８３年建設省入省、国土交通省関東地方整備局長、国土地理院長などを歴任、２０１６年から現職。
主たる執筆　第二章第三節、第三章第二節。

佐々木　正（ささき・ただし）
一般財団法人国土技術研究センター　技術・調達政策グループ　首席研究員。
１９９３年入所、情報・企画部、都市・住宅・地域政策グループなどを歴任、２０１８年から現職。
主たる執筆　第四章第四節、第五章第一節。

戸谷　有一（とや・ゆういち）
株式会社マネジメントシステム評価センター取締役。
１９８２年建設省入省、国土交通省政策統括官付政策企画官、東北地方整備局企画部長などを歴任、２０１７年から現職。
主たる執筆　第三章第一節、第五章第二節。

吉崎　収（よしざき・おさむ）
一般社団法人日本橋梁建設協会副会長・専務理事。
１９８０年建設省入省、国土交通省九州地方整備局長、環境省技術統括官などを歴任、２０１６年から現職。
主たる執筆　第一章第三節、第二章第二節、第三章第四節。

大石久和（おおいし・ひさかず）

1945年兵庫県生まれ。公益社団法人土木学会第105代会長。1970年、京都大学大学院工学研究科修士課程修了。同年、建設省入省。建設省道路局長、国土交通省技監を歴任。2016年より一般社団法人全日本建設技術協会会長。また、京都大学大学院経営管理研究部特命教授、一般財団法人国土技術研究センター国土政策研究所長を兼務。専攻・国土学。

著書に『国土が日本人の謎を解く』(産経新聞出版)、『国土と日本人』(中公新書)、『「危機感のない日本」の危機』（海竜社）など。

藤井 聡（ふじい・さとし）

1968年奈良県生まれ。京都大学大学院教授(都市社会工学専攻)。京都大学大学院工学研究科修了。東京工業大学教授、イエテボリ大学心理学科客員研究員等を経て、現職。また、2011年より安倍内閣・内閣官房参与（防災・減災ニューディール担当)。専門は国土計画、土木計画、経済政策等の公共政策に関わる実践的人文社会科学。03年に土木学会論文賞、05年に日本行動計量学会林知己夫賞、07年に文部科学大臣表彰・若手科学者賞、09年に日本社会心理学会奨励論文賞および日本学術振興会賞、18年に土木学会研究業績賞などを受賞。

著書に『超インフラ論　地方が甦る「四大交流圏」構想 』（PHP新書)、『プライマリー・バランス亡国論』（扶桑社)、『公共事業が日本を救う』（文春新書)、『新幹線とナショナリズム』（朝日新書)、『維新・改革の正体―日本をダメにした真犯人を捜せ』（産経新聞出版）など。

歴史の謎はインフラで解ける
教養としての土木学

平成30年5月28日　第1刷発行
令和 5 年6月14日　第3刷発行

編 著 者　大石久和　藤井聡
発 行 者　皆川豪志
発 行 所　株式会社産経新聞出版
〒100-8077 東京都千代田区大手町1-7-2 産経新聞社8階
電話　03-3242-9930　FAX　03-3243-0573
発　　売　日本工業新聞社　電話　03-3243-0571（書籍営業）
印刷・製本　株式会社シナノ
電話　03-5911-3355

ISBN 978-4-8191-1338-0
C0095